Liste alphabétique des sphaignes et légende

Sphagnum

Légende des pictogrammes

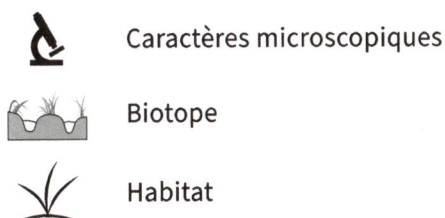

Caractères microscopiques

Biotope

Habitat

Caractères de terrain (macroscopiques)

Répartition

Différences entre les espèces semblables

Les sphaignes de l'Est du Canada

Clé d'identification visuelle
et cartes de répartition

Gilles Ayotte
Line Rochefort

JFD
Éditions

Les sphaignes de l'Est du Canada – Clé d'identification visuelle et cartes de répartition
Gilles Ayotte et Line Rochefort

© 2019 Les Éditions JFD inc.

Catalogage avant publication de Bibliothèque et Archives nationales du Québec et Bibliothèque et Archives Canada

Les sphaignes de l'Est du Canada – Clé d'identification visuelle et cartes de répartition

Gilles Ayotte et Line Rochefort

ISBN 978-2-924651-99-5

1. Sphaignes – Canada – Identification.   2. Sphaignes – Québec (Province) – Identification.

QK539.S75R62 2018   588'.10971   C2018-941307-7

Les Éditions JFD inc.
CP 15 Succ. Rosemont
Montréal (Québec)
H1X 3B6
Téléphone : 514-999-4483
Courriel : info@editionsjfd.com
www.editionsjfd.com

ISBN : 978-2-924651-99-5
Dépôt légal : 1er trimestre 2019
Bibliothèque et Archives nationales du Québec
Bibliothèque et Archives Canada

Imprimé au Québec

Table des matières

Remerciements

L'idée de ce projet a vu le jour en 2005 à la suite de l'obtention du prix Synergie pour l'Innovation du CRSNG (Université Laval – L'industrie canadienne de la tourbe) par Line Rochefort. Elle a ainsi pu allouer les fonds nécessaires à la saisie numérisée de milliers de spécimens d'herbier et de produire un atlas de cartes de répartition. Après consultation, il a été convenu de faire un « Guide d'identification visuelle des sphaignes du Québec et du Labrador » et d'y inclure les cartes prévues originellement pour l'atlas.

Les auteurs tiennent à remercier tout d'abord l'Herbier Louis-Marie de l'Université Laval, de même que les herbiers suivants qui nous ont prêté des spécimens ou permis de consulter leurs bases de données :

- Musée canadien de la nature (CAN ou CANM)
- Complexe scientifique, Herbier du Québec (QUE)
- Université McGill, Montréal (MTMG)
- University of Newfoundland (NFLD)
- University of Alberta (ALTA)
- Cornell University (BH)
- Missouri Botanical Garden (MO)
- Smithsonian Institution, Washington, DC (US)
- Botanical Museum, University of Oslo (O)
- University of Helsinki (H)
- Université de Montréal (MT)

Les auteurs veulent également remercier le professeur Kjell Ivar Flatberg, qui a gracieusement vérifié une des toutes premières versions du document et nous a fait de judicieuses suggestions. Monsieur Flatberg a confirmé l'identification de plusieurs spécimens litigieux. Il nous a aussi fait don de plus de 90 spécimens de sphaignes récoltées sur les territoires du Québec et du Labrador lors de son périple de l'été 2007. Quelques-uns de ces spécimens constituent les premières récoltes québécoises de certaines espèces, dont *Sphagnum incundum*, *Sphagnum perfoliatum*, *Sphagnum tundrae* et *Sphagnum venustum*. Il est intéressant de noter que *S. venustum* est une nouvelle espèce décrite par lui-même et découverte lors de ce voyage.

Nous remercions également le professeur Jonathan Shaw qui nous a conseillés pour les classifications taxonomiques de l'est de l'Amérique du Nord, et cela autant par ses études génomiques et systématiques fondamentales que par son expérience de terrain hors pair en milieux boréal et nordique. Nous remercions de plus M. Shaw ainsi que Mme Blanka Aguaro (Shaw) pour l'envoi de spécimens et de photos d'espèces particulières.

Nos remerciements s'adressent à M. Serge Payette, conservateur de l'Herbier Louis-Marie de l'Université Laval, pour ses encouragements à mener le projet à bon port, de même qu'au personnel de l'herbier : Mme Sylvie Fiset, Mme Michelle Garneau, Mme Annie St-Louis et M. Claude Roy pour l'appui au projet depuis plus de 12 ans.

Nous voulons remercier Mme Amélie Masson pour avoir retracé tous les originaux des photos du présent guide à travers une banque de plus de 13 000 photographies de Gilles Ayotte, Mme Kim Damboise, de l'Herbier Louis-Marie, pour sa contribution aux cartes de répartition des espèces, Mme Claire Boismenu pour l'aide apportée tout au long du processus : emprunts de spécimens, encadrement des étudiants pour la saisie des données, logistique et révision du document, M. Denis Bastien pour sa révision minutieuse des clés d'identification, M. Pierre-Mathieu Charest et M. Jean Collin, directeurs successifs du Département de phytologie pour l'affectation accordée à M. Gilles Ayotte à ce projet.

Nous devons aussi remercier tous les sphagnologues qui ont contribué à enrichir les collections d'herbiers par leurs récoltes de terrain et qui nous ont permis d'ajouter des espèces rares ou de nouvelles espèces pour notre territoire. Mentionnons entre autres M. Denis Bastien pour *Sphagnum molle*, M. Denis Bastien et M. Robert Gauthier pour *Sphagnum strictum*, M. Robert Gauthier pour *Sphagnum aongstroemii* et *S. pylaesii*, la perspicacité de M. Jean Gagnon pour *Sphagnum incundum*, Mme Line Couillard et son équipe dont M. Benoît Tremblay pour *Sphagnum perfoliatum* et *S. orientale*, Mme Marianne White pour *Sphagnum venustum*, M. R. E. (Dick) Andrus pour *Sphagnum annulatum* et *S. recurvum*, et qui nous met maintenant en quête de *S. beothuk*, et le professeur Kjell Ivar Flatberg dont l'œil d'expert a permis de découvrir de nouvelles espèces qu'il a nommées : *Sphagnum olafii, S. venustum, S. mirum, S. arcticum, S. tundrae*.

Plusieurs étudiants ont été engagés pour la saisie des étiquettes des spécimens d'herbier et nous les en remercions : Maude Audet Morin, Marie-Hélène Jacques, Julie Lajoie, Julie Leclerc, Jérôme Martin, Nathalie Morissette, Julie Ouellet, Audrey Piché, Marie-Eve Rheault, Marie-Eve Tanguay, Laurence Tétreault-Garneau et Samuel Frigon.

Les étudiants du cours Écologie des tourbières boréales et du cours Taxonomie et méthodes d'échantillonnage en tourbière de l'Université Laval qui, au fil des ans, nous ont suggéré des corrections ou des améliorations aux différentes versions du guide.

Crédit photographique : toutes les photos sont de Gilles Ayotte, à moins d'indications contraires.

Introduction

Les espèces du genre *Sphagnum* ont pour réputation d'être difficiles à identifier par les naturalistes ou botanistes et même par des bryologues chevronnés. Cependant, leur importance dans les biomes boréaux et tempérés du Québec et des provinces maritimes, de même que dans les écosystèmes tourbeux et marécageux, fait qu'il est incontournable de savoir les identifier lors d'études botaniques, écologiques ou environnementales. Ce guide d'identification visuel n'est pas une flore. Ce qui veut dire que l'on n'y trouvera pas de description botanique complète de l'espèce. Toutefois, on pourra se référer au chapitre des *Sphagnaceae* de la Flore des bryophytes du Québec-Labrador pour obtenir cette description et visualiser les magnifiques planches dessinées pour chaque espèce (Faubert, Ayotte, Gauthier et Rochefort 2013) ou encore se référer à la description des caractères du gamétophyte de Gauthier (2001a). Nous espérons qu'avec cette clé visuelle accompagnée de trucs pour reconnaître les espèces sur le terrain et de notes sur l'habitat, la tâche d'identification sera facilitée. Le débutant est invité à lire les Annexes 1, page 227, 2, page 237, et 3, page 245, avant de commencer à consulter les clés d'identification.

Le guide est structuré de la manière suivante :

Liste alphabétique des sphaignes

Une première page comporte une liste alphabétique des 60 espèces présentes sur les territoires du Québec, du Labrador et des provinces maritimes (à l'exception de l'île de Terre-Neuve) pour permettre le repérage rapide d'un taxon donné à l'intérieur de l'ouvrage.

Clé de terrain (illustrée) et clé visuelle d'identification des sous-genres

Une clé dichotomique des caractères visuels facilement observables sur le terrain est présentée pour faciliter la tâche souvent bien ardue d'assigner une sphaigne à un sous-genre. Cette clé est suivie d'une autre clé visuelle complémentaire qui combine des critères macroscopiques et microscopiques. L'attribution à un sous-genre est probablement la partie la plus difficile pour réussir à identifier les sphaignes. Toutefois, après un peu de pratique, alors qu'on devient plus familier avec les espèces, il devient possible d'assigner directement une espèce à un sous-genre sans avoir à se référer à la clé des sous-genres. Il est par la suite plus aisé de procéder à l'identification à l'espèce une fois le sous-genre déterminé.

L'idée innovatrice de ce guide est de présenter des doublets illustrés dans les clés dichotomiques. Pour identifier les sphaignes, il existe un jargon botanique qu'il est difficile de se rappeler d'une fois à l'autre lorsqu'on se remet à l'ouvrage de manière sporadique. Le but de ce guide illustré est de faciliter cette remémoration de la terminologie des sphaignes. Le présent guide est le résultat de plus de dix années d'élaboration et d'amélioration. Durant cette période, les clés dichotomiques ont été testées par les étudiants des cours « Écologie des tourbières boréales » et « Taxonomie et méthodes d'échantillonnage en tourbière » de l'Université Laval et par d'autres utilisateurs professionnels. Nous espérons que ces mises à l'essai ont permis de confirmer la logique des doublets.

Il existe des variantes à l'intérieur de plusieurs espèces. C'est la raison pour laquelle certaines espèces apparaissent plus d'une fois dans les clés. L'utilisation des termes « en partie » à la suite du nom de l'espèce permet de savoir que celle-ci revient ailleurs dans la clé. La même méthode est employée partout et permet, par exemple, de présenter un taxon dont l'apex des feuilles caulinaires est érodé, et ailleurs, ce même taxon avec des feuilles à apex entier.

Sous-genres : caractéristiques principales, clé dichotomique et description des espèces

L'ouvrage est ensuite divisé par sous-genre taxonomique à l'intérieur duquel les **caractéristiques principales** microscopiques et parfois macroscopiques sont présentées en premier. Ces caractéristiques sont suivies d'une **clé visuelle** des espèces du sous-genre et de la description de chaque espèce en ordre alphabétique.

Dans la **description de l'espèce**, le lecteur trouvera les **caractéristiques macroscopiques** et **microscopiques** permettant d'identifier l'espèce. À noter que seuls les caractères les plus distinctifs, intrinsèques à l'espèce, tels que perçus par les auteurs, sont présentés. Il faut se référer au chapitre des *Sphagnaceae* de la Flore des bryophytes du Québec-Labrador pour obtenir une description complète de l'espèce (Faubert, Ayotte, Gauthier et Rochefort 2013).

Carte de répartition, description des biotopes et des habitats

Par après, on trouve une **carte de répartition** géographique de l'espèce. Les cartes de répartition couvrent les territoires du Québec, du Labrador et des provinces maritimes, mais excluent l'île de Terre-Neuve. Elles ont été construites à partir des coordonnées géographiques de plus de 20 000 spécimens d'herbier. Chaque carte montre l'endroit (par un point) où la présence d'un taxon donné a été confirmée à l'aide d'un spécimen d'herbier dûment identifié et validé. Les cartes de répartition ont en filigrane les principales zones de végétation telles que décrites par Payette (1983) et Payette et Filion (1993). Cette manière de présenter les taxons permet une certaine mise en contexte écologique et bioclimatique.

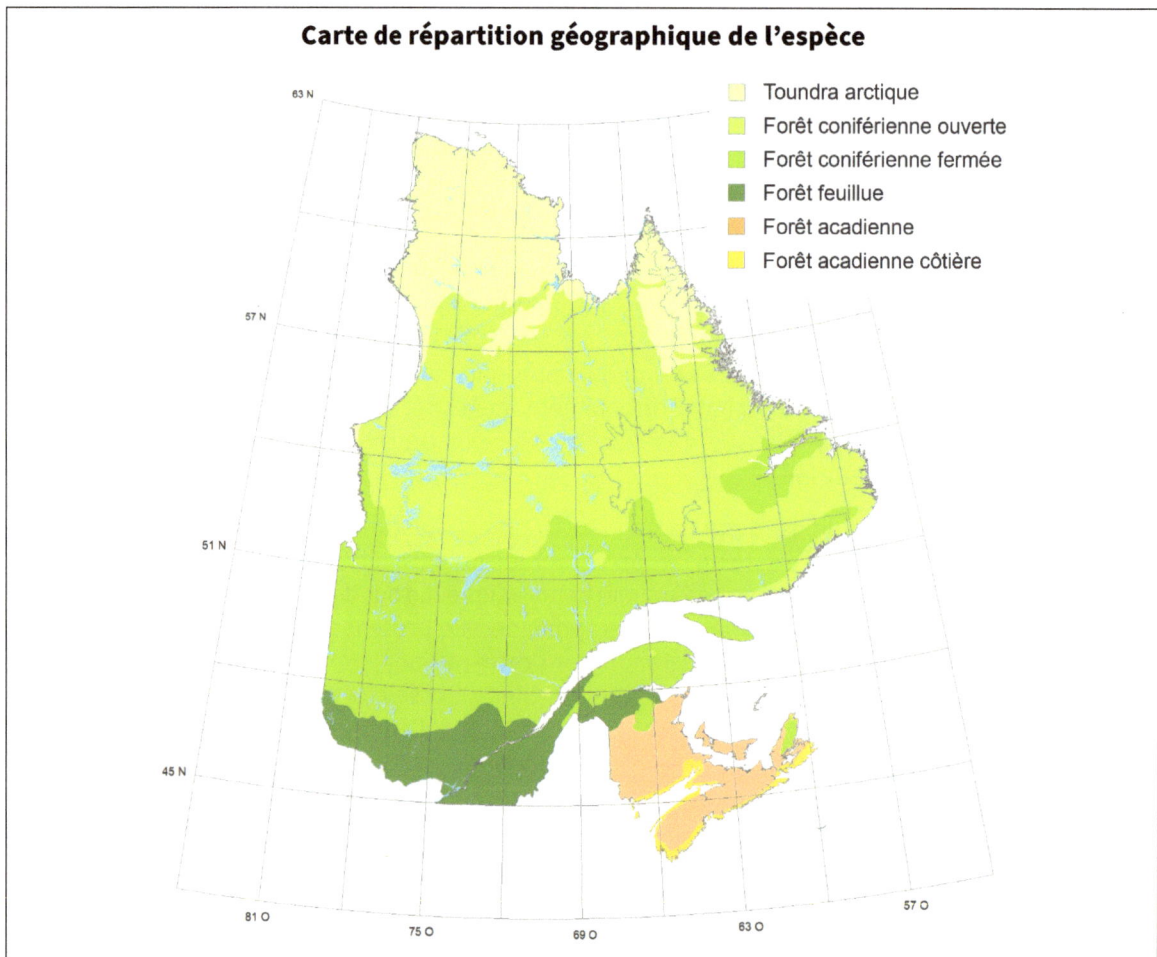

Carte de répartition géographique de l'espèce

- Toundra arctique
- Forêt coniférienne ouverte
- Forêt coniférienne fermée
- Forêt feuillue
- Forêt acadienne
- Forêt acadienne côtière

La **description des biotopes et des habitats** est basée sur les notes de terrain recueillies par Line Rochefort depuis 25 ans et sur les renseignements provenant des étiquettes des spécimens d'herbier ayant servi à produire les cartes de répartition. Ces notes ont été complétées au besoin, particulièrement pour les espèces plus rares ou nordiques, à l'aide des publications de Bastien et Garneau (1997), Flatberg (voir la bibliographie), Gauthier (2001a), Laine et collaborateurs (2009) et Kyrkjeeide et collaborateurs (2018).

Le **biotope** présente l'endroit où se retrouve généralement l'espèce en fonction du gradient hydrologique et de la microtopographie, selon l'approche retenue par Buteau et collaborateurs (1994) et de Bastien et Garneau (1997). **Les schémas qui suivent présentent les principaux biotopes**. On décrit également dans cette section, s'il y a lieu, la morphologie des populations d'individus (p. ex. coussin très compact, tapis lâche, etc.).

Illustration des principaux biotypes des sphaignes

L'information fournie pour **l'habitat** est le type de tourbière, de milieu humide ou d'écosystème forestier où se rencontrent les populations de l'espèce de sphaigne, de même que les modifications à cet habitat (p. ex. drainé, bûché, etc.). Cette section peut décrire également le macro-habitat (p. ex. bord de mare) ou les communautés végétales avec lesquelles l'espèce est souvent associée (p. ex. aulnaie). Dans certains cas, quelques renseignements sur la **répartition** sont signalés.

Des notes sur les **caractères-clés d'identification** sur le terrain sont généralement fournies sous le symbole ci-contre.

Lorsque cela est pertinent, des indications sont présentées pour **différencier les espèces similaires**. Pour les sous-genres comportant de nombreuses espèces, comme *Cuspidata* et *Acutifolia*, un tableau présentant d'un seul coup d'œil la forme caractéristique de la feuille caulinaire des espèces est fourni à la fin de chaque section respective.

Annexes

Les annexes présentent des informations de base pouvant aider à l'identification des sphaignes. Ainsi, un débutant ou une personne effectuant un retour à l'identification des sphaignes pourra trouver utile de lire l'**Annexe 1 : Biologie – Anatomie – Morphologie** pour mieux visualiser toutes les parties d'une sphaigne. Vous en trouverez d'ailleurs une image ci-dessous.

L'**Annexe 2 : Techniques de récolte, montage, séchage, étiquetage, conservation** nous apprend des trucs utiles pour faciliter l'identification, comme de récolter des échantillons en santé sur le terrain en choisissant des individus bien développés, ou pour aider les possibles futurs réviseurs de nos récoltes et les conservateurs d'herbier en préparant des spécimens de qualité possédant des étiquettes descriptives.

Finalement, l'**Annexe 3** sur les **Techniques de préparations microscopiques** est essentielle pour apprendre à maîtriser la dissection d'une sphaigne; on y explique, par exemple, qu'il faut toujours prélever des feuilles raméales au milieu du rameau pour examiner celles-ci.

Morphologie d'une sphaigne

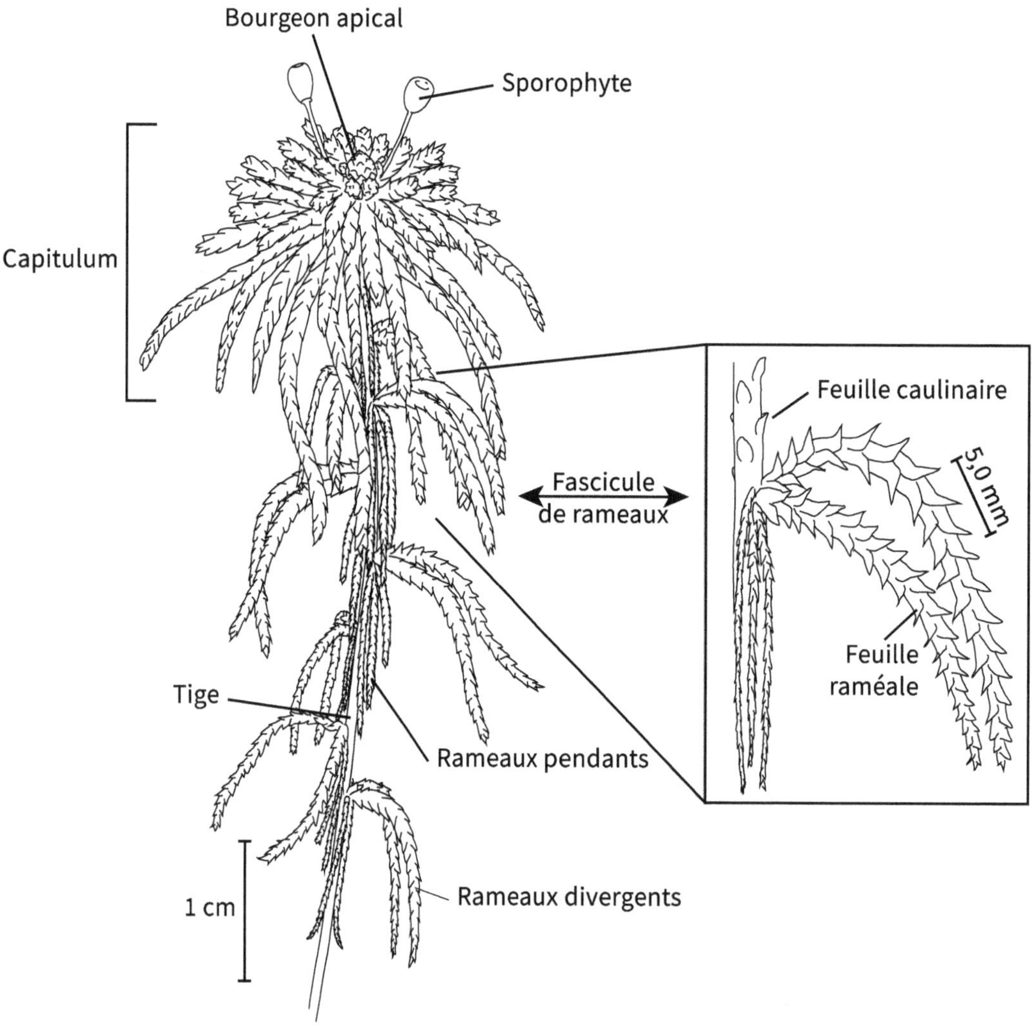

Bourgeon apical

Sporophyte

Capitulum

Feuille caulinaire

5.0 mm

Fascicule de rameaux

Feuille raméale

Tige

Rameaux pendants

1 cm

Rameaux divergents

© Kim Damboise

Glossaire

Un glossaire des principaux termes utilisés pour l'identification des sphaignes et qui sont moins familiers est présenté à la fin de l'ouvrage.

Index alphabétique des espèces

La **synonymie** des espèces n'a pas été incluse sous le nom de chaque espèce à l'intérieur de la description spécifique, car cet ouvrage est dédié à l'identification de nouveaux spécimens récoltés sur le terrain. Cependant, une certaine synonymie est présentée dans la section Index alphabétique des espèces, présentée à la suite des annexes. Un spécialiste procédant à la révision de spécimens d'herbier aura à se référer aux flores (Flora of North America Editorial Committee 2007, Faubert et coll. 2013) ou aux articles scientifiques traitant d'une espèce donnée.

Classification et taxonomie des sphaignes

Les auteurs tiennent aussi à présenter dans l'introduction quelques notions sur la classification des sphaignes et leur taxonomie. Les sphaignes font partie de l'embranchement des bryophytes. Le tableau ci-dessous résume la classification des bryophytes du Québec et le nombre de taxons dénombrés pour chaque niveau par Faubert (2007).

Embranchement	Classe	Sous-classe
Bryophyta (Bryophytes) 891 espèces et taxons infraspécifiques	*Anthocerotae* (Anthocérotes) 4 espèces	–
	Hepaticae (Hépatiques) 202 espèces, 5 sous-espèces, 13 variétés, 2 formes	*Jungermanniae*
		Marchantiae
	Musci 599 espèces, 5 sous-espèces, 59 variétés	*Andreaeobrya*
		Sphagnobrya
		Eubrya

La sous-classe des Shagnobrya ne comprend qu'un seul ordre (Sphagnales), qu'une seule famille (*Sphagnaceae*), qu'un seul genre (*Sphagnum*). Ce n'est qu'à ce dernier niveau taxonomique qu'il y a subdivision en sous-genres. Parmi les bryophytes, les sphaignes présentent tellement de caractères communs et uniques que tous les sphagnologues s'entendent sur cette hiérarchie. Au niveau des sous-genres ou des espèces, de nombreuses révisions ou ajustements ont été effectués au fil des ans. De récentes études génétiques ont permis de regrouper ou de préciser le statut de certains de ces taxons. Conséquemment, les auteurs adoptent le système de classification apparaissant aux pages suivantes.

Classification des sphaignes
du Québec–Labrador et des provinces maritimes
(à l'exception de l'île de Terre-Neuve)

Bryophyta ⟶ *Musci* ⟶ *Sphagnobrya*		
Ordre : *Sphagnales*	Famille : *Sphagnaeae*	Genre : *Sphagnum* L.
Sous-genre	**Espèces**	

1. *Sphagnum* (8 espèces)	1. *Sphagnum affine*
	2. *Sphagnum austinii*
	3. *Sphagnum centrale*
	   Sphagnum magellanicum (le complexe)
	      4. *Sphagnum divinum*
	      5. *Sphagnum medium*
	6. *Sphagnum palustre*
	7. *Sphagnum papillosum*
	8. *Sphagnum steerei*	

2. *Rigida* (2 espèces)	9. *Sphagnum compactum* 10. *Sphagnum strictum*	
3. *Cuspidata* (17 espèces)	11. *Sphagnum angustifolium* 12. *Sphagnum annulatum* 13. *Sphagnum balticum* 14. *Sphagnum cuspidatum* 15. *Sphagnum fallax* 16. *Sphagnum flexuosum* 17. *Sphagnum isoviitae* 18. *Sphagnum jensenii* 19. *Sphagnum lenense* 20. *Sphagnum lindbergii* 21. *Sphagnum majus* 22. *Sphagnum obtusum* 23. *Sphagnum pulchrum* 24. *Sphagnum recurvum* 25. *Sphagnum riparium* 26. *Sphagnum tenellum* 27. *Sphagnum torreyanum*	

Bryophyta → Musci → Sphagnobrya		
Ordre : *Sphagnales*	Famille : *Sphagnaeae*	Genre : *Sphagnum* L.
Sous-genre	**Espèces**	
4. *Subsecunda* (8 espèces)	28. *Sphagnum contortum* 29. *Sphagnum lescurii* 30. *Sphagnum macrophyllum* 31. *Sphagnum orientale* 32. *Sphagnum perfoliatum* 33. *Sphagnum platyphyllum* 34. *Sphagnum pylaesii* 35. *Sphagnum subsecundum*	
5. *Squarrosa* (4 espèces)	36. *Sphagnum mirum* 37. *Sphagnum squarrosum* 38. *Sphagnum teres* 39. *Sphagnum tundrae*	
6. *Acutifolia* (21 espèces)	**Section *Insulosa*** 40. *Sphagnum aongstroemii* **Section *Acutifolia*** 41. *Sphagnum angermanicum* 42. *Sphagnum arcticum* 43. *Sphagnum capillifolium* 44. *Sphagnum concinnum* 45. *Sphagnum fimbriatum* 46. *Sphagnum flavicomans* 47. *Sphagnum fuscum* 48. *Sphagnum girgensohnii* 49. *Sphagnum incundum* 50. *Sphagnum molle* 51. *Sphagnum olafii* 52. *Sphagnum quinquefarium* 53. *Sphagnum rubellum* 54. *Sphagnum rubiginosum* 55. *Sphagnum russowii* 56. *Sphagnum subfulvum* 57. *Sphagnum tenerum* 58. *Sphagnum venustum* 59. *Sphagnum warnstorfii* **Section *Polyclada*** 60. *Sphagnum wulfianum*	

Traitements taxonomiques retenus

Les auteurs reconnaissent ainsi une soixantaine d'espèces de sphaignes pour le territoire couvert par le guide, dont au moins 57 au Québec-Labrador. Par conséquent, depuis la liste des 44 espèces de sphaignes compilée par Gauthier (2001a) pour la péninsule du Québec-Labrador, de nombreuses espèces ont été ajoutées et une espèce retranchée, soit *Sphagnum splendens* (voir l'encadré ci-dessous sur *S. splendens*). Et, contrairement au traitement par sections taxonomiques de Gauthier (2001a) ou de Faubert et collaborateurs (2013), les espèces de sphaignes sont maintenant classées en six **sous-genres** selon le nouveau traitement taxonomique proposé par les études de phylogénie de Shaw et collaborateurs (2010a) :

Genre *Sphagnum* L.

Sous-genre ***Sphagnum*** L.

Sous-genre ***Rigida*** (Lindb.) A. Eddy

Sous-genre ***Cuspidata*** Lindb.

Sous-genre ***Subsecunda*** (Lindb.) A. J. Shaw, comb & stat nov.

Sous-genre ***Squarrosa*** (Russow) A. J. Shaw, comb & stat nov.

Sous-genre ***Acutifolia*** (Russow) A. J. Shaw, comb & stat nov.

    Section ***Acutifolia*** (Russow) Schimp.

    Section ***Polyclada*** Warnst.

    Section ***Insulosa*** Isov.

Pour le traitement des espèces du sous-genre *Acutifolia* et du complexe *Sphagnum subsecundum*, les auteurs adhèrent aux conclusions de Shaw et collaborateurs (2005, 2012).

Espèce non reconnue : *Sphagnum splendens* Maass

Les taxonomistes reconnaissent que des individus bizarres caractérisés par un ou deux critères atypiques, mais qui sont autrement semblables à une espèce bien établie, sont récoltés régulièrement, quoique sporadiquement. Le *Sphagnum splendens* pourrait être un exemple de ces récoltes atypiques (Goffinet et Shaw 2009). Line Rochefort et Denis Bastien sont retournés sur les lieux de la récolte de Maas (1967) au Québec pour rechercher le *Sphagnum splendens* et nous ne pouvons pas confirmer cette espèce. Nous considérons donc, jusqu'à preuve du contraire, que ce *Sphagnum splendens* était une forme atypique de sphaigne du sous-genre *Cuspidata*.

Hommage à M. Robert Gauthier

Les auteurs veulent rendre un hommage tout spécial à **M. Robert Gauthier**, Ph. D., professeur retraité du Département de phytologie, de la Faculté des sciences de l'agriculture et de l'alimentation de l'Université Laval, et ancien conservateur de l'Herbier Louis-Marie. Après un baccalauréat en Biologie, à la Faculté des sciences de l'Université Laval (1965), il obtient un diplôme de M. Sc. en Écologie végétale à la Faculté de foresterie et géodésie de l'Université Laval (1968), sous la direction de M. M. Grandtner. Son mémoire de maîtrise a pour titre : Étude écologique de cinq tourbières du Bas-Saint-Laurent (199 p.). Il termine ses études avec un Ph. D. en Écologie végétale, à la Faculté de foresterie et de géodésie de l'Université Laval (1980), sous la direction de MM. M. Grandtner, W. S. G. Maass et H. Sjörs. Sa thèse de doctorat porte sur les sphaignes et la végétation des tourbières du parc des Laurentides, au Québec.

Robert Gauthier est le premier chercheur québécois à s'être intéressé aux petites plantes extraordinaires qui génèrent les tourbières : les sphaignes. Ses premières publications datent de la fin des années 1960. Depuis, il a publié plus de 90 articles scientifiques ou de vulgarisation, seul ou en collaboration, notamment sur les sphaignes (23 publications), les tourbières (5), les mousses et les hépatiques (14), les plantes vasculaires (12), les plantes médicinales (4), les insectes (2). Il a fait des revues de livres (5), de nombreuses communications scientifiques (14), des rapports d'herborisation (5) et des rapports de recherche (14). Sa thèse de doctorat, reprise dans les Études écologiques n° 3 (Laboratoire d'écologie forestière. Université Laval) est une brique monumentale de 634 pages. Au chapitre 2, il y traite des **29 espèces de sphaignes** répertoriées dans l'ancien parc des Laurentides. Pour chacune, il précise la répartition mondiale, les localités citées au Québec, les localités citées au Labrador, l'habitat dans le parc des Laurentides et la production de sporophytes. Un travail de titan.

Robert a signé le chapitre 3 du livre « Écologie des tourbières du Québec-Labrador » où il décrit l'habitat des **44 espèces de sphaignes** alors connues pour l'ensemble de ce territoire (Gauthier 2001a).

Robert a fait 27 séjours hors Québec pour ses études, de l'enseignement, sa participation à des congrès, des travaux de recherche et des collections de végétaux : Angleterre, Autriche, Canada (Nouvelle-Écosse, Terre-Neuve-et-Labrador, archipel arctique canadien, dont l'île Ellef Ringnes), îles Canaries (Tenerife), Écosse, Espagne, États-Unis (Maine, Massachusetts, New York), France (1967, 1977, 1986 à 1997, 2001), Libye, Norvège, Rwanda, Suède, Tunisie, Sahara algérien (1968 et 1975), URSS (1988).

Il est ou a été membre de 10 organismes scientifiques du Canada et de l'étranger : Association canadienne française pour l'avancement des sciences (depuis 1965), Association botanique du Canada (depuis 1967), International Peat Society (depuis 1970), National Geographic Society (depuis 1971), Josselyn Botanical Society of Maine (depuis 1973), American Bryological and Lichenological Society (depuis 1976), International Association of Bryologists (depuis 1981), Sociedad Latinoamericana de Briología (depuis 1984), Société Botanique du Centre-Ouest (de France, depuis 1986), Société Botanique de France (depuis 1997).

Robert Gauthier a aussi dirigé l'Herbier Louis-Marie de l'Université Laval à titre de conservateur, de juillet 1973 à décembre 2003.

On lui a dédié deux nouveaux taxons :

1. *Carex xgauthieri* Lepage (*in* Lepage, E. 1976. Un *Carex* hybride et deux variétés nouvelles de graminées. Le Naturaliste canadien 103 : 387-390).

2. *Eriophorum xgauthieri* Boivin (*in* Boivin, B. 1992. Les Cypéracées de l'est du Canada. Provancheria n° 25, 230 p.)

Robert a décrit quatre nouveaux taxons en collaboration avec M. Jean-Paul Bernard et M. Camille Gervais :

- *Geum xmacneillii* J.-P. Bernard & R. Gauthier

- *Geum xcatlingii* J.-P. Bernard & R. Gauthier

- *Drosera xlinglica* R. Gauthier & C. Gervais

- *Drosera xwoodii* R. Gauthier & C. Gervais

Son herbier personnel, déposé en partie à l'Herbier Louis-Marie de l'Université Laval, comporte plus de 9 600 spécimens de plantes vasculaires et près de 16 000 spécimens de plantes invasculaires appartenant à tous les niveaux taxonomiques, avec une importante contribution pour les sphaignes.

Nous avons eu le plaisir de travailler avec lui durant de nombreuses années et de profiter de son enseignement, de son enthousiasme, de sa rigueur, de sa passion et de son expertise sur ces groupes taxonomiques et particulièrement sur les sphaignes. Lors de son départ à la retraite, il nous a aimablement permis d'utiliser ses notes de cours pour nous en servir à des fins d'enseignement et de recherche. Nous tenons à lui offrir nos plus sincères remerciements.

Clé visuelle 1 : clé de terrain des sous-genres et espèces particulières

1. **Feuilles raméales** cucullées ou presque, faciles à dénombrer à l'œil nu sur un rameau..............**2**

1. **Feuilles raméales** d'une autre forme, difficiles à dénombrer à l'œil nu sur un rameau, parce que plus petites **3**

2. **Feuilles caulinaires** plus ou moins triangulaires, petites, longues de moins de 1 mm, plus de 3 fois plus courtes que les feuilles raméales; **feuilles raméales** en forme de « selle de vélo » ou de « cuillère japonaise » .... **sous-genre 2 : *Rigida***

2. **Feuilles caulinaires** lingulées, grandes, longues de 1 mm ou plus, plus longues ou à peine plus courtes que les feuilles raméales; **feuilles raméales** cucullées .... **sous-genre 1 : *Sphagnum***

3. **Rameaux** six (6) ou plus par fascicule. (*S. wulfianum*) .... **sous-genre 6 : *Acutifolia*** (en partie)

3. **Rameaux** cinq (5) ou moins par fascicule...**4**

4. **Feuilles raméales** fortement squarreuses (**A**) ou (**B**) plante combinant les trois caractéristiques suivantes : **bourgeon apical** gros et/ou nettement proéminent; **feuilles caulinaires** lingulées, longues de 1 à 1,5 mm, à apex large, arrondi et frangé (*S. teres* lorsque non squarreuses ou *S. mirum*) ....**sous-genre 5 : *Squarrosa***

A

B

4. **Feuilles raméales** non squarreuses, au plus seulement étalées ou récurvées sur une partie de leur longueur, particulièrement lorsque séchées...**5**

5. **Rameaux pendants et rameaux divergents** très semblables, à peu près de la même longueur, ou plantes avec peu de rameaux; **feuilles caulinaires** dirigées en tous sens sur la tige ....**sous-genre 4 : *Subsecunda***

5. **Rameaux pendants** habituellement plus longs et plus délicats que les **rameaux divergents** (la différence est très prononcée); **feuilles caulinaires** à apex dirigé vers le bas ou vers le haut de la tige **6**

6. **Pigmentation** rouge ou rougeâtre nettement présente .... **sous-genre 6 : *Acutifolia*** (en partie)

6. **Pigmentation** rouge absente (sauf parfois à l'extrémité des rameaux anthéridiaux); voir **A** **7**

A

7. **Feuilles caulinaires** la plupart à apex dirigé vers le bas de la tige, beaucoup plus courtes que les **feuilles raméales**; **individus** de différentes teintes de vert, jaune ou brun, jamais rouge, mais parfois les extrémités des rameaux anthéridiaux sont rouges ou rosées..
....**sous-genre 3 : *Cuspidata*** (en partie)

7. **Feuilles caulinaires** la plupart à apex dirigé vers le haut de la tige, presque de la même longueur que les **feuilles raméales** ou plus longues; **individus** de différentes teintes de vert, brun ou rouge .... **sous-genre 6 : *Acutifolia*** (en partie)

Clé visuelle 2 : caractères microscopiques et macroscopiques des sous-genres et espèces particulières

1. **Feuilles raméales** à hyalocystes sans fibrilles *(Sphagnum macrophyllum*, p. 128) ....
.... **sous-genre 4 :** *Subsecunda* (en partie)

1. **Feuilles raméales** à hyalocystes avec fibrilles **2**

2. **Fascicules** formés de 6 rameaux ou plus (*Sphagnum wulfianum*, p. 214) ....
.... **sous-genre 6 :** *Acutifolia* (en partie)

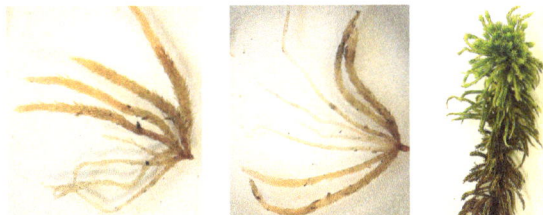

2. **Fascicules** formés de 5 rameaux ou moins...**3**

3. **Feuilles raméales** très nettement et fortement squarreuses ....
.... **sous-genre 5 : *Squarrosa*** (en partie) (p. 143)

3. **Feuilles raméales** droites (**A**), subsecondes (**B**) ou seulement récurvées (**C**) **4**

A   B   C

4. **Tige** et **rameaux** à cellules corticales à paroi renforcée de fibrilles spiralées (parfois faiblement)
.... **sous-genre 1 : *Sphagnum*** (p. 31)

Cortex (tige)   Cortex (rameau)

4. **Tige** et **rameaux** à cellules corticales à paroi sans fibrilles...**5**

Cortex (tige)

5. **Feuilles raméales** au moins 3 fois plus longues que les feuilles caulinaires....................................
.... **sous-genre 2 : *Rigida*** (p. 55)

F. caul. + F. ram.   F. caul. + F. ram.

5. **Feuilles raméales** tout au plus près de 2 fois plus longues ou sensiblement de même longueur que les feuilles caulinaires **6**

F. ram. + F. caul.   F. ram. + F. caul.   F. ram. + F. caul.

6. **Feuilles raméales** à apex nettement tronqué...**13**

6. **Feuilles raméales** à apex arrondi ou involuté et aigu à obtus, mais non nettement tronqué **7**

7. **Capitulum** (plante entière) très peu développé, constitué presque uniquement par un bourgeon apical; **tige** portant des rameaux lâchement disposés en fascicules irréguliers de 1-2 .... **sous-genre 4 :** *Subsecunda* (en partie) (p. 115)

7. **Capitulum** (plante entière) bien développé, constitué d'un bourgeon apical plus ou moins évident, entouré de plusieurs rameaux à divers stades de développement; tige portant des rameaux disposés en fascicules réguliers de 3-5..**8**

8. **Capitulum et rameaux** (plante entière) nettement pigmentés de rouge ....
.... **sous-genre 6 :** *Acutifolia* (en partie) (p. 157)

8. **Capitulum et rameaux** (plante entière) pigmentés de vert, brun, jaune, noir, ou faiblement rosés, absence de pigmentation rouge sauf parfois à l'apex des rameaux anthéridiaux..........................**9**

9. **Feuilles raméales** (sous forte coloration), face concave ou convexe à hyalocystes montrant de très nombreux pores alignés comme les grains d'un collier de perles le long des commissures
.... **sous-genre 4 :** *Subsecunda* (en partie) (p. 115)

9. **Feuilles raméales** (sous forte coloration), face concave ou convexe à hyalocystes sans pore ou ne montrant pas de pores alignés comme les grains d'un collier de perles le long des commissures
....**10**

10. Feuilles raméales (coupe transversale) à chlorocystes rectangulaires, en forme de petits tonneaux à flancs bombés, ou légèrement trapézoïdales, exposées à peu près également sur les deux faces de la feuille .... **sous-genre 4 : *Subsecunda*** (en partie) (p. 115)

10. Feuilles raméales (coupe transversale) à chlorocystes triangulaires à trapézoïdales, plus exposés sur l'une ou l'autre face de la feuille **11**

11. Feuilles raméales (coupe transversale) à chlorocystes triangulaires, base du triangle sur la face concave de la feuille.. **sous-genre 6 : *Acutifolia*** (en partie) (p. 157)

11. Feuilles raméales (coupe transversale) à chlorocystes triangulaires, base du triangle sur la face convexe de la feuille..**12**

12. **Feuilles raméales** à hyalocystes à pores en nombre variable et occupant moins de 10 % de la surface totale (concave et convexe) .... **sous-genre 3 :** *Cuspidata* (p. 63)

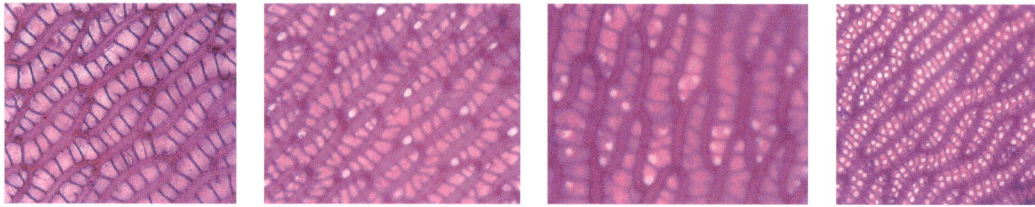

12. **Feuilles raméales** (vues à plat, tiers inférieur) avec hyalocystes à pores très nombreux et occupant plus de 10 % de la surface totale (concave et convexe) ....
.... **sous-genre 5 :** *Squarrosa* (en partie) (p. 143)

13. **Feuilles raméales** avec hyalocystes à pore interfibrillaire apical absent ou n'occupant pas tout l'espace (*Sphagnum aongstroemii*, p. 176).. **sous-genre 6 :** *Acutifolia*

13. **Feuilles raméales** avec de nombreux hyalocystes avec un gros pore occupant tout l'espace interfibrillaire apical (*Sphagnum tundrae*, p. 154)........................ **sous-genre 5 :** *Squarrosa* (en partie)

1

Sous-genre *Sphagnum*

Caractères de terrain (macroscopiques)

La taille et la forme des feuilles raméales permettent facilement de relier un spécimen au sous-genre *Sphagnum*.

- **Capitulum** bien développé, gros (les espèces de ce sous-genre sont parmi les plus robustes de tout le genre *Sphagnum*).

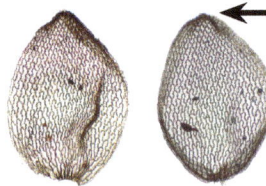

- **Feuilles raméales** cucullées (en forme de cuillère), longues de 1,0 à 2,0 mm.

- **Feuilles caulinaires** lingulées (en forme de langue), à apex largement arrondi, longues de 1,0 à 2,0 mm.

Caractères microscopiques

> **Attention :** Les observations microscopiques des espèces du sous-genre *Sphagnum* (sauf les espèces du complexe *Sphagnum magellanicum*) se font sans utiliser de substances colorantes, seulement de l'eau ou du glycérol.

- **Tige** (coupe transversale) montrant un cortex bien différencié, formé de 3-4 couches de cellules; couche externe (vue à plat) renforcée de fibrilles spiralées.

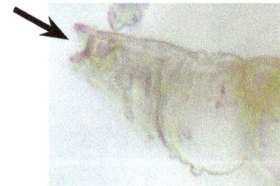

- **Feuilles raméales** cucullées, montrant un sillon de résorption à la marge (coupe transversale); chlorocystes (feuilles entières, vues à plat) à paroi lisse, ou ornementée de papilles chez *Sphagnum papillosum*, ou de pectinations chez les espèces du complexe *Sphagnum imbricatum*.

- **Feuilles caulinaires** (complètes, vues à plat) lingulées; hyalocystes sans fibrilles ni pores ou très exceptionnellement avec des fibrilles incomplètes ou rudimentaires; chlorocystes à paroi ornementée de pectinations chez les espèces du complexe *Sphagnum imbricatum*.

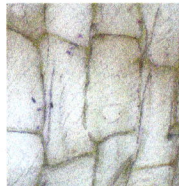

Tige (c. t.) | Cortex (tige) avec fibrilles (vue à plat) | Feuilles raméales cucullées | Marge de feuille raméale (c. t., sillon de résorption)

Feuilles caulinaires lingulées

Note : Les illustrations suivantes pourront être utiles lors de l'utilisation de la clé dichotomique.

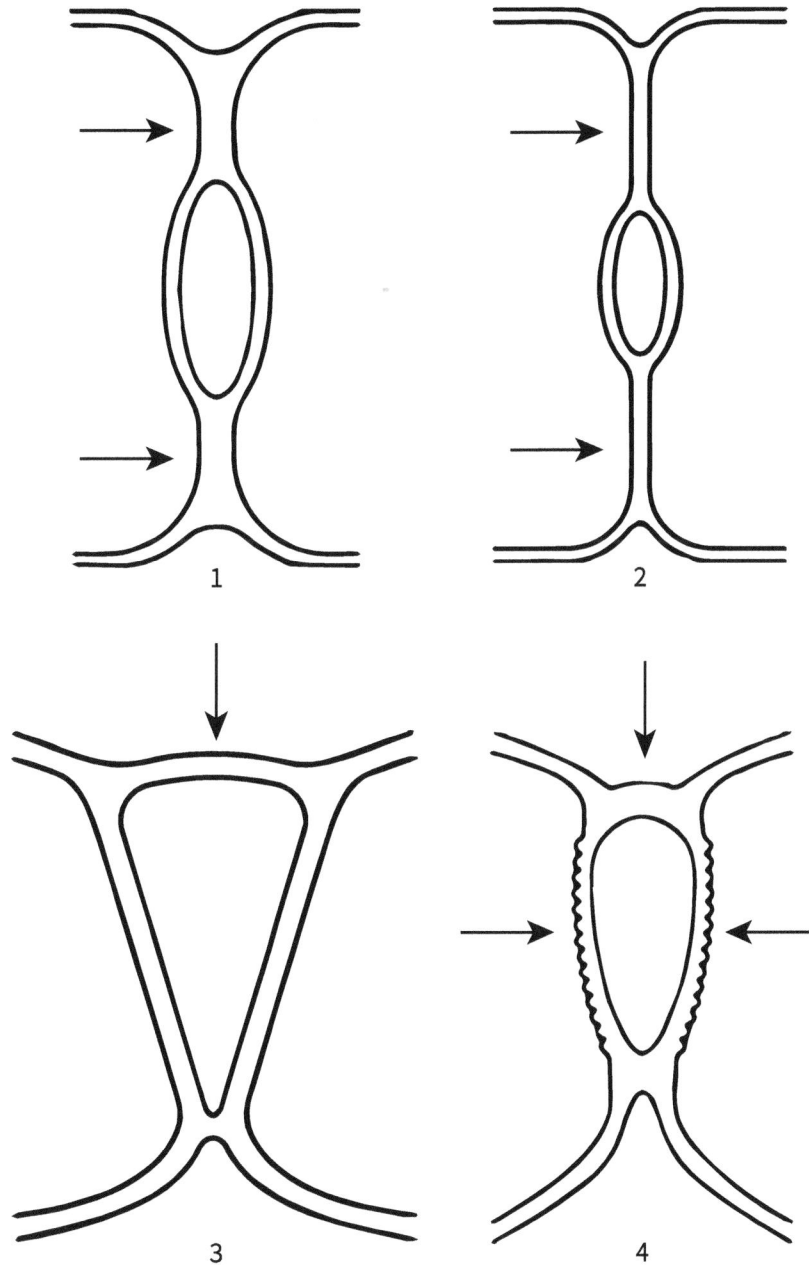

1. *Sphagnum centrale* : parois épaisses aux extrémités des chlorocystes elliptiques.

2. *Sphagnum magellanicum* (le complexe) : parois minces aux extrémités des chlorocystes courts-elliptiques.

3. *Sphagnum palustre* : chlorocystes triangulaires à ovés-triangulaires, plus largement exposés sur la face concave de la feuille.

4. *Sphagnum papillosum* : chlorocystes ovés, plus largement exposés sur la face concave de la feuille, et paroi généralement ornementée de papilles.

1. **Feuilles raméales** (vues à plat ou en coupe transversale) à chlorocystes à paroi papilleuse (avec des papilles)...***Sphagnum papillosum*** (en partie)

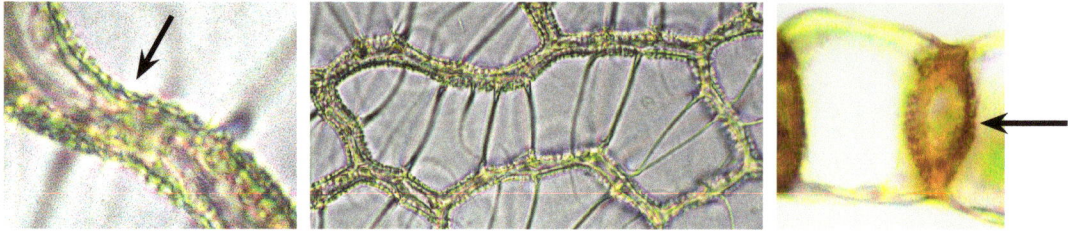

1. **Feuilles raméales** (vues à plat ou en coupe transversale) à chlorocystes à paroi lisse ou avec des pectinations...**2**

2. **Feuilles raméales** (en coupe transversale) à chlorocystes de forme elliptique ou ovale..............**3**

2. **Feuilles raméales** (en coupe transversale) à chlorocystes de forme triangulaire-isocèle ou triangulaire-équilatéral **5**

3. **Feuilles raméales** (en coupe transversale) à chlorocystes ovales, n'atteignant pas les sur-faces concave et convexe (complètement englobés entre les deux hyalocystes contigus) ....**le complexe *Sphagnum magellanicum***

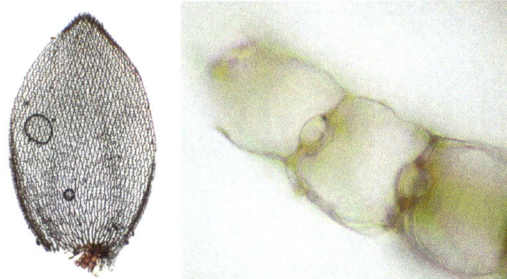

3. **Feuilles raméales** (en coupe transversale) à chlorocystes elliptiques, atteignant les surfaces concave et convexe (isolant ou séparant l'un de l'autre les deux hyalocystes contigus) **4**

4. **Feuilles raméales** (en coupe transversale) à chlorocystes étroitement elliptiques, base de la même largeur que le sommet (espèce de fen riche uniquement)................... ***Sphagnum centrale***

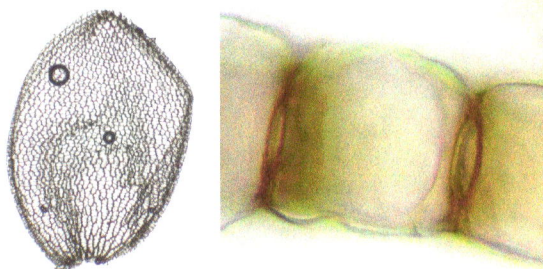

4. **Feuilles raméales** (en coupe transversale) à chlorocystes largement elliptiques, base sensible-ment plus large que le sommet ....***Sphagnum papillosum*** (en partie)

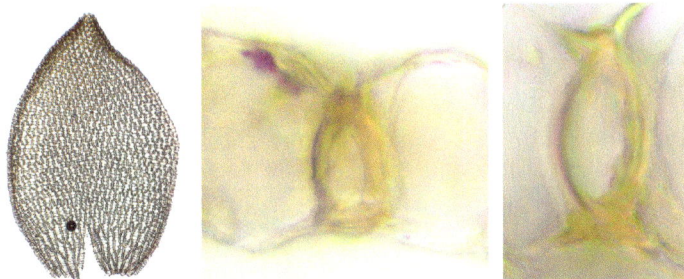

5. **Feuilles raméales** (en coupe transversale) à chlorocystes en forme de triangle isocèle, séparant nettement l'un de l'autre les deux hyalocystes contigus. (Autre caractère utile : feuilles caulinaires et feuilles raméales [entières, vues à plat] à hyalocystes sans pectinations) ....
.... ***Sphagnum palustre***

5. **Feuilles raméales** (en coupe transversale) à chlorocystes en forme de triangle équilatéral, ne séparant pas nettement l'un de l'autre les deux hyalocystes contigus. (Autre caractère utile : feuilles caulinaires ou feuilles raméales [entières, vues à plat] à chlorocystes généralement avec des pectinations [Note : les pectinations peuvent être absentes des feuilles caulinaires et raméales chez *S. affine*].) ....**le complexe *Sphagnum imbricatum* 6**

6. **Le complexe *Sphagnum imbricatum*** (adapté de Maximov 2007) :

Thingsgaard (2002) confirme le rang spécifique, à l'aide d'outils génétiques, des quatre sous-espèces ou variétés du complexe *Sphagnum imbricatum* reconnues par Flatberg (1984a) :

- *Sphagnum affine* Renaud & Cardot (= *S. imbricatum* ssp. *affine* (Renauld & Cardot) Flatberg)
- *Sphagnum austinii* Sullivant (= *S. imbricatum* subsp. *austinii* (Sullivant) Flatberg)
- *Sphagnum imbricatum* Hornsch. ex. Russow
- *Sphagnum steerei* R.E. Andrus (= *S. imbricatum* ssp. *austinii* var. *arcticum* Flatberg)

Trois de ces quatre espèces sont présentes sur le territoire couvert par ce guide : *Sphagnum affine*, *S. austinii* et *S. steerei*.

L'espèce type, *Sphagnum imbricatum* (*sensu stricto*), ne se retrouve qu'en Asie.

> **Rappel :** Les pectinations dans les hyalocystes de feuilles raméales et des feuilles caulinaires s'observent sur des feuilles entières montées à plat, dans une goutte d'eau ou idéalement de glycérol, et sans aucun colorant ou teinture.

Les **pectinations** dans les hyalocystes des **rameaux** (en coupe transversale) peuvent s'observer à l'aide d'un microscope optique; elles sont disposées perpendiculairement ou de façon oblique par rapport à la longueur du rameau, alors que les fibrilles spiralées sont orientées en tous sens. Ces pectinations sont présentes chez toutes les espèces du complexe *Sphagnum imbricatum*, mais elles ne sont facilement observables que chez *Sphagnum affine* et *S. austinii*. Elles sont impossibles à observer chez *S. steerei* sans une préparation spéciale.

Les **pectinations** dans les hyalocystes des **tiges** sont plus difficiles à observer. Il faut faire de très nombreuses coupes transversales et les placer dans une goutte de glycérol entre lame et lamelle. Il faut regarder alors à la surface externe du scléroderme, là où il vient en contact avec le cortex.

6. **Le complexe *Sphagnum imbricatum***...(clé des espèces : voir page 38) **6**

6. Le complexe *Sphagnum imbricatum*

> **Rappel :** Toutes les observations qui suivent se font dans une goutte d'eau ou idéalement dans une goutte de glycérol.

6. **Feuilles caulinaires** (vues à plat) à chlorocystes avec des pectinations bien développées et facilement observables; hyalocystes habituellement une fois septés .... ***Sphagnum austinii***

Feuille caulinaire   Apex caulinaire   Pectinations   Septum

6. **Feuilles caulinaires** (vues à plat) à chlorocystes sans pectinations ou pectinations floues, peu développées; hyalocystes sans septum **7**

7. **Feuilles raméales** (vues à plat) à chlorocystes avec des pectinations réparties sur presque toute la longueur de la feuille ....***Sphagnum steerei***

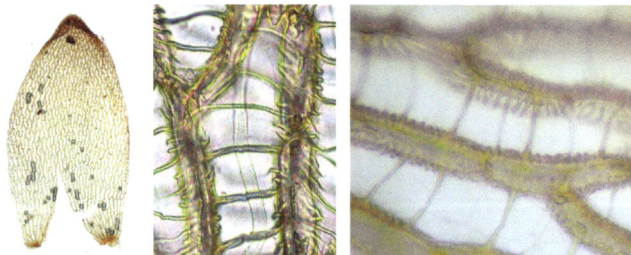

7. **Feuilles raméales** (vues à plat) à chlorocystes sans pectinations ou pectinations restreintes à la base de la feuille .... ***Sphagnum affine***

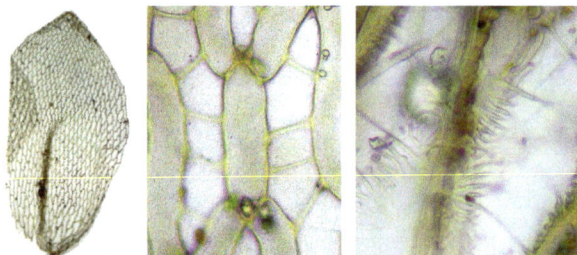

Sphagnum papillosum

🔬 **Caractères microscopiques**

Les observations s'effectuent dans une goutte d'eau ou de glycérol, sans aucun colorant.

- **Tige** (coupe transversale) à cellules corticales internes avec des pectinations là où elles sont en contact avec le scléroderme.

> **Note :** Par cette seule caractéristique, *Sphagnum affine* peut être distingué des autres espèces du complexe *Sphagnum imbricatum* et même de toutes les espèces de sphaignes.

- **Feuilles caulinaires** (complètes, vues à plat) à chlorocystes habituellement sans aucune pectination dans la moitié supérieure de la feuille.

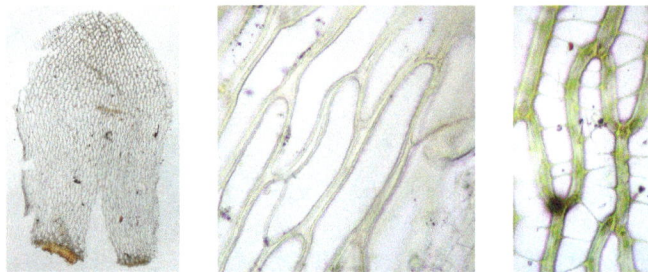

Feuille caulinaire (vue à plat)

- **Feuilles raméales** (complètes, vues à plat) à chlorocystes sans pectination, ou pectinations restreintes à la base des feuilles; (coupe transversale) chlorocystes largement triangulaires et bien inclus du côté de la face convexe (pointe du triangle n'atteignant pas toujours la face convexe du fait qu'elle est recouverte par les deux hyalocystes contigus).

Feuille raméale   pectinations   (c. t.)

⊗◯ Différences entre les espèces semblables

- Les tiges individuelles de *Sphagnum affine* ne se séparent pas aussi facilement de la colonie que celles de *S. papillosum*.

🏞 Biotope

- Tapis et buttes basses. Non aquatique.

🌿 Habitat

- Présent dans une variété d'habitats minérotrophes, croissant avec des cypéracées ou avec des lichens dans les endroits plus exposés; rives marécageuses de lacs, zones de contact entre fens et affleurements de till. *Sphagnum affine* et *Sphagnum papillosum* croissent souvent ensemble.

🌍 Répartition

- Espèce amphi-atlantique, principalement en région tempérée (dépendante d'une saison de croissance chaude).

🔍 Caractères de terrain (macroscopiques)

- Petite **plante** en général, avec un petit **capitulum** pour une espèce du sous-genre *Sphagnum*.
- **Feuilles raméales** bien imbriquées autour du rameau.
- **Capitulum** vert à brun doré, avec un peu de rouge.

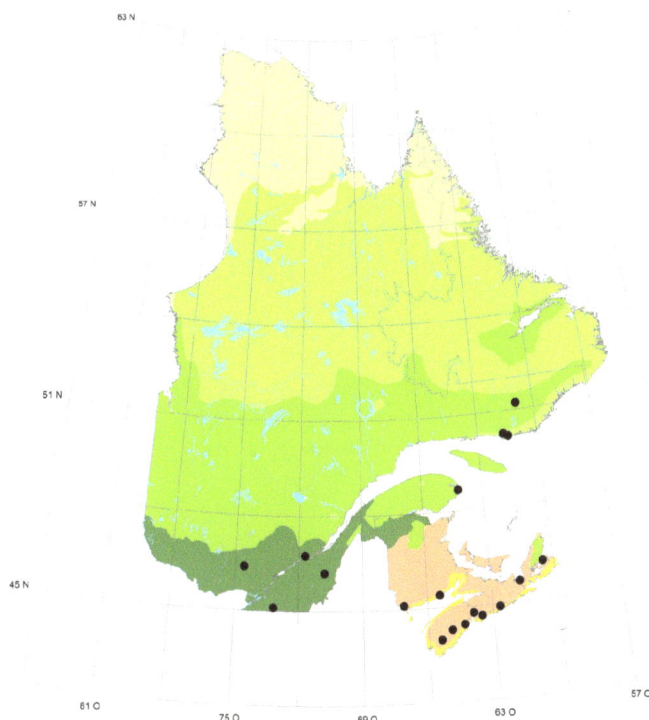

Caractères microscopiques

Les observations s'effectuent dans une goutte d'eau ou de glycérol, sans aucun colorant ni teinture.

- **Feuilles caulinaires** (complètes, vues à plat) à hyalocystes 1-septés; chlorocystes à paroi portant des pectinations bien développées et facilement observables qui s'étendent souvent sur toute la longueur de la feuille ou presque.

Feuille caulinaire

- **Feuilles raméales** (complètes, vues à plat) à chlorocystes à paroi portant des pectinations; (coupe transversale) chlorocystes largement triangulaires et bien inclus du côté de la face convexe (pointe du triangle n'atteignant pas toujours la face convexe du fait qu'elle est recouverte par les deux hyalocystes contigus).

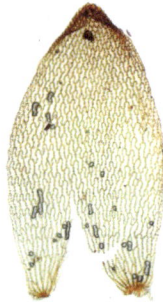

Feuille raméale

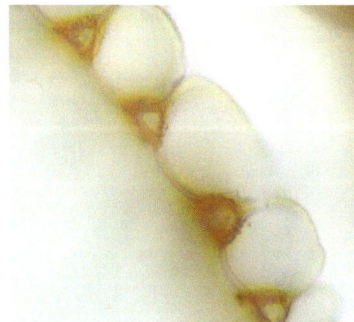

vue à plat   (c. t.)

◎○ Différences entre les espèces semblables

- Chez *Sphagnum austinii*, la longueur et la largeur des feuilles de la tige sont de dimensions relativement plus égales que chez *S. papillosum*.

Biotope

- Buttes denses ou petites platières formées de capitula très compacts brun-jaunâtre avec teintes de rouge.

Habitat

- Bogs maritimes ou fens pauvres à mares, souvent en association avec *Sphagnum fuscum*, *S. magellanicum* (le complexe), *S. flavicomans*, *Rubus chamaemorus*, *Empetrum nigrum*, *Gaylusaccia baccata* et *Cladina* spp.

Répartition

- Espèce boréale amphi-atlantique.

Caractères de terrain (macroscopiques)

- **Capitulum** très compact, avec présence de quelques **rameaux** longs et minces.
- La seule espèce du sous-genre avec un **rameau** pendant unique.
- Croît généralement en coussins denses, très compacts formant des buttes hautes et larges à sommet plat.
- Les fascicules sont structurés densément et les individus ne peuvent se séparer aisément.
- Jamais totalement brun, souvent avec une teinte de brun orangé.

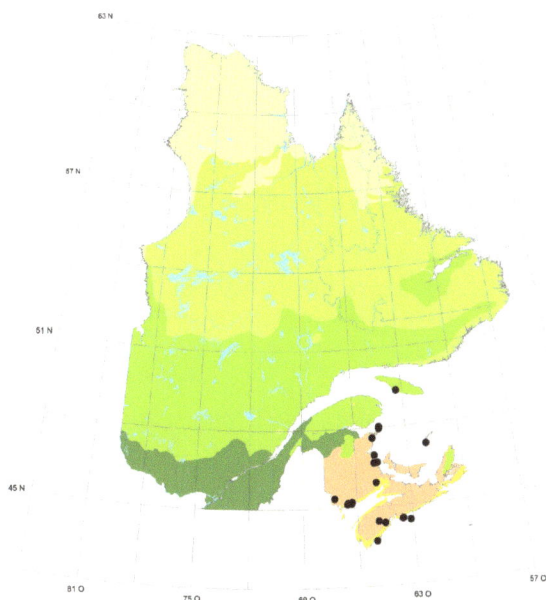

🔬 **Caractères microscopiques**

Les observations s'effectuent dans une goutte d'eau ou de glycérol, sans utiliser de colorant ni de teinture.

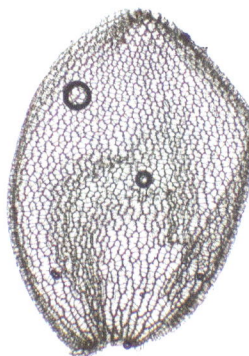

- **Feuilles raméales** (coupe transversale) à chlorocystes lisses (sans papilles ni pectinations), étroitement elliptiques, atteignant les surfaces concave et convexe (isolant ou séparant l'une de l'autre les deux hyalocystes contigus).

Feuille raméale (c. t.)

> **Note :** Les feuilles caulinaires et raméales ne comportent pas de caractéristiques diagnostiques utiles autres que celles présentées précédemment.

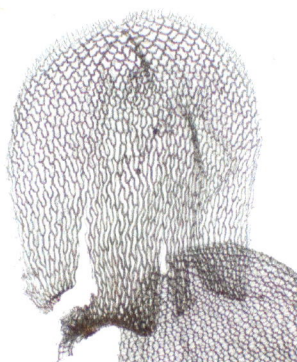

Feuilles caulinaires   Feuilles raméales

⊗○ **Différences entre les espèces semblables**

- Les chlorocystes du complexe *Sphagnum magellanicum* (coupe transversale) n'atteignent pas les surfaces concave et convexe de la feuille : ils sont complètement englobés entre les deux hyalocystes contigus.

- *Sphagnum centrale* a de plus longs rameaux que *S. palustre* et les rameaux extérieurs de ses capitula s'amincissent étroitement.

- Capitulum plus plat et quelque peu mieux organisé sur 5 rangs que celui de *S. palustre*.

- *S. centrale* se retrouve uniquement en tourbière minérotrophe, alors que *S. palustre* est présent dans des habitats diversifiés autres que les fens riches.

Biotope

- Buttes ou tapis étendus se trouvant souvent en conditions ombragées humides.

Habitat

- Espèce de fens modérément riches à riches, particulièrement présente dans les fens conitériens (forêts marécageuses) et les fens à carex. Aussi dans : aulnaies, bétulaies, cédrières, érablières, frênaies, mélézins, pessières à sphaignes, prucheraies, pinèdes, sapinières, saulaies, tremblaies. Parfois en milieux humides riverains.

Caractères de terrain (macroscopiques)

- Une de nos plus grosses sphaignes.

- D'apparence souvent brillante, vert pâle, teintée de rose à l'ombre.

© Mélina Guêné-Nanchen

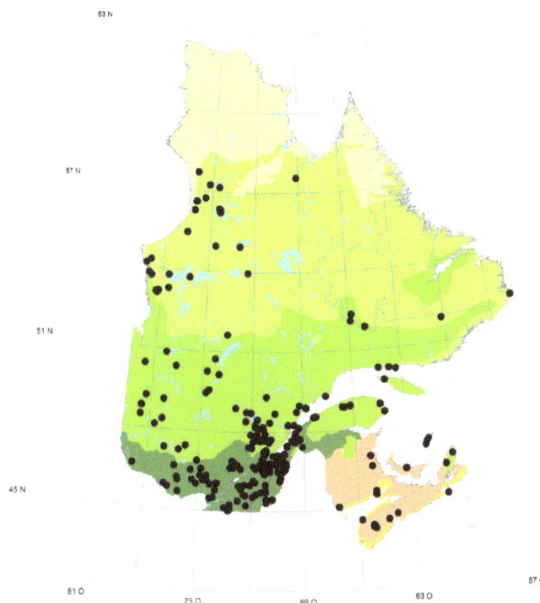

Sphagnum magellanicum (le complexe)

Notre connaissance de cette espèce, au moment de la parution du présent guide, vient d'être complètement révolutionnée par l'article suivant :

Hassel, K., M. O. Kyrkjeeide, N. Yousefi, T. Prestø, H. K. Stenøien, J. A. Shaw & K. I. Flatberg. 2018. *Sphagnum divinum (sp.nov.)* and *S. medium* Limpr. and their relationship to *S. magellanicum* Brid. Journal of Bryology 40(3): 197-222.

On y mentionne que *Sphagnum magellanicum* est en fait un complexe de trois taxons, dont *Sphagnum divinum*, une espèce nouvelle pour la science.

Comme le *Sphagnum magellanicum*, sensu stricto, est absent d'Amérique du Nord, nous ne retenons dans la clé ci-après que les deux autres espèces du complexe présentes sur le territoire couvert par le guide.

♟ Caractères microscopiques

Clé des espèces

Exceptionnellement ici, contrairement aux autres espèces du sous-genre *Sphagnum*, les observations doivent être faites avec une forte coloration des feuilles raméales des **rameaux pendants**. Ces feuilles raméales doivent être prélevées dans la portion médiane d'un rameau.

4. Feuilles raméales des **rameaux pendants** à hyalocystes de l'une des faces (bien à plat; partie médiane) avec des pores occupant moins de la moitié de la largeur cellulaire .... ***Sphagnum divinum*** Flatberg & Hassel

5. Feuilles raméales des **rameaux pendants** à hyalocystes de l'une des faces (bien à plat; partie médiane) avec de gros pores occupant la moitié ou plus de la largeur cellulaire ....***Sphagnum medium*** Limprecht

⬤○ Différences entre les espèces semblables

- *Sphagnum palustre* peut parfois avoir une teinte rosée, mais il n'a jamais la coloration nettement rouge de *S. magellanicum* (le complexe).

Biotope

- Grands tapis, buttes basses ou, plus rarement, tapis flottants avec tourbe. Croît souvent en mélange avec d'autres espèces de sphaignes, sur les côtés ou rebords des grandes buttes. Comme le mentionne Gauthier (2001a), est présent « le plus souvent de façon discrète, dans pratiquement tous les types de biotopes des tourbières et dans les autres milieux pouvant abriter des sphaignes ».

Habitat

- Amplitude écologique très large, de bogs à fens modérément riches et dans les tourbières naturelles forestières ou ouvertes. Aussi dans les pessières à sphaignes, mélézins, aulnaies, cédrières, érablières humides, sapinières, forêts exploitées.

🔍 Caractères de terrain (macroscopiques)

- Il y a toujours du rouge chez le complexe *Sphagnum magellanicum*. Pour voir cette coloration chez les populations vertes, il faut gratter les feuilles et le cortex caulinaires, puis tenir la tige vers la lumière.

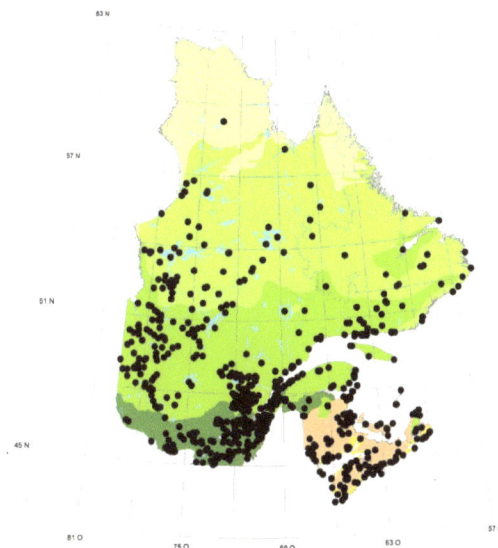

Caractères microscopiques

Les observations s'effectuent dans une goutte d'eau ou de glycérol, sans utiliser de colorant ni teinture.

- **Feuilles raméales** (coupe transversale) à chlorocystes (sans fibrilles ni pectinations) en forme de triangle isocèle séparant nettement l'un de l'autre deux hyalocystes contigus.

Feuille raméale (c. t.)

- **Feuilles raméales** cucullées, (complètes, vues à plat) à chlorocystes à paroi lisse (sans papilles ni pectinations).

- **Feuilles caulinaires** lingulées, (complètes, vues à plat) à chlorocystes à paroi lisse (sans papilles ni pectinations).

Feuilles raméales

Feuille caulinaire

⊗◯ Différences entre les espèces semblables

- Les rameaux externes du capitulum de *Sphagnum palustre* sont plus obtus que ceux de *S. centrale*.

Biotope

- Croît habituellement en tapis extensifs, lâches. Forme occasionnellement des buttes et des tapis denses.

Habitat

- Souvent en conditions ombragées dans les tourbières forestières, les marécages (aulnaies) et les boisés humides; laggs (écotones tourbière – forêt) arbustifs; aussi dans les tourbières à sphaignes faiblement minérotrophes (fens pauvres).

Caractères de terrain (macroscopiques)

- **Capitulum** désordonné, légèrement convexe.
- **Capitulum** d'un vert brillant, mais à l'automne les parties centrales du capitulum deviennent plus foncées (brunâtres) que les **rameaux divergents**.

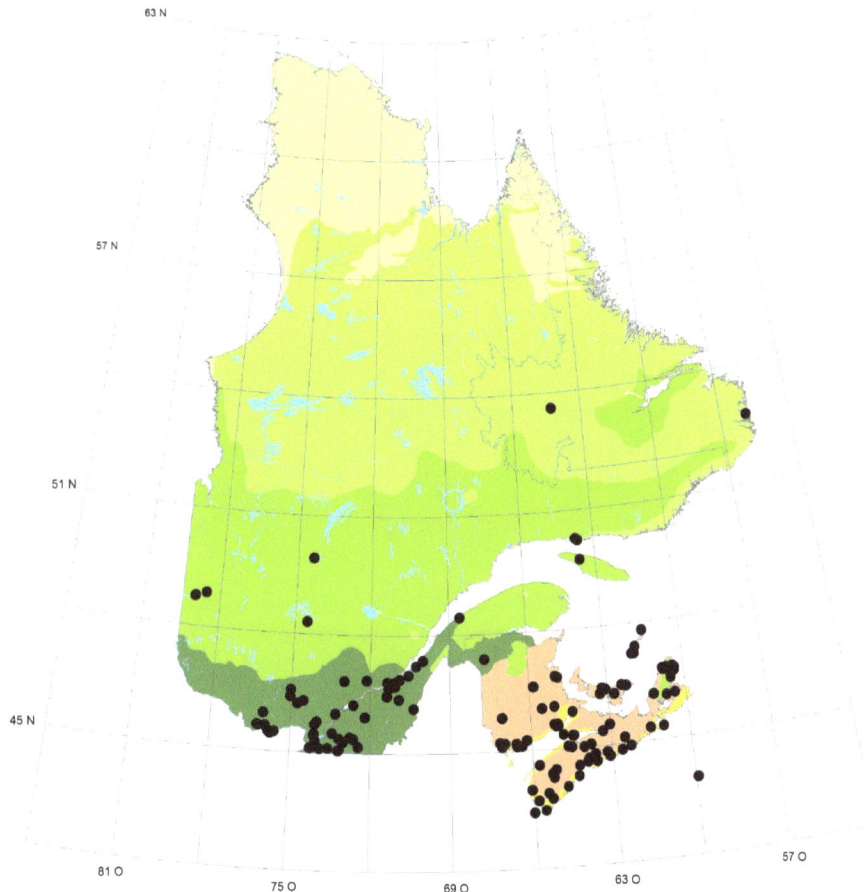

🔬 Caractères microscopiques

Les observations s'effectuent dans une goutte d'eau ou de glycérol, sans aucun colorant ni teinture.

- **Feuilles raméales** (complètes, vues à plat ou en coupe transversale) à chlorocystes à paroi ornementée de papilles, très rarement sans papilles; (coupe transversale) à chlorocystes largement elliptiques et dont la base est sensiblement plus large que le sommet.

Feuille raméale

(c. t.; papilles)

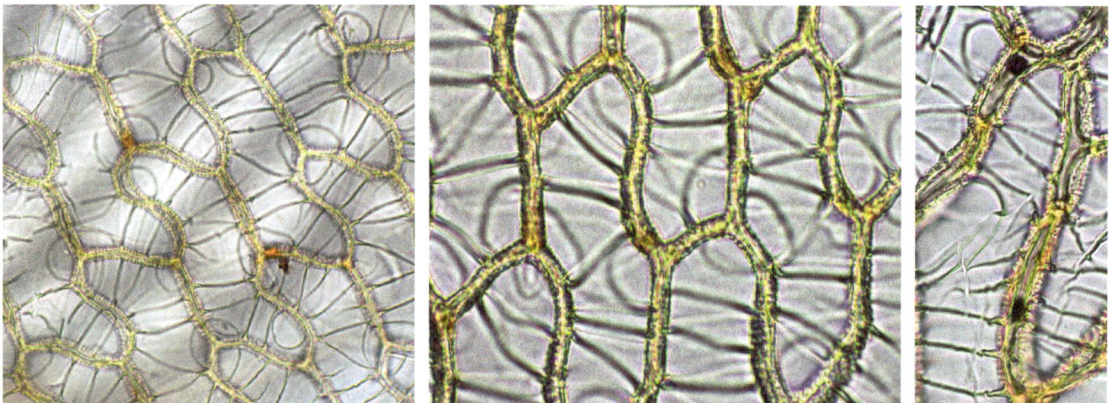

(vue à plat)

![icon] **Biotope**

- Tapis et buttes.

![icon] **Habitat**

- Espèce de pleine lumière dans les tourbières à sphaignes formant notamment des tapis en bordure des mares. En milieu continental, c'est un indicateur de minérotrophie (fens pauvres); en milieu côtier, croît en tourbières ombrotrophes (bogs). Se rencontre, mais moins fréquemment, dans les bétulaies grises, les pessières à sphaignes, les mélézins et les érablières à érable rouge en petites buttes isolées. C'est l'espèce du sous-genre *Sphagnum* la plus commune des tourbières minérotrophes.

![icon] **Caractères de terrain (macroscopiques)**

- **Plante** brune ou jaunâtre
- **Rameaux** courts et obtus.
- L'extrémité des **rameaux** de la partie externe du **capitulum** se termine abruptement.
- Une fois la tête du **capitulum** enlevée, les **rameaux divergents** s'étalent à angle droit.
- La longueur des **feuilles caulinaires** équivaut à peu près à deux fois leur largeur.
- Parce que l'espèce n'a pas de petits **rameaux** longs et étroits, les colonies monospécifiques ne conservent aucune cohésion lorsqu'une poignée d'individus est retirée du tapis et secouée en la projetant dans les airs.

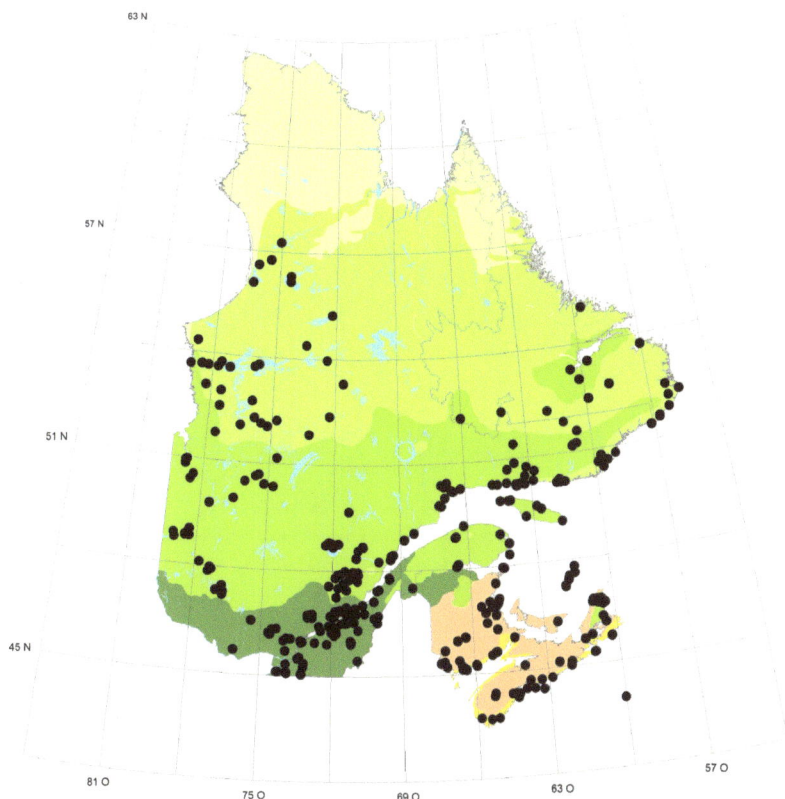

🔬 **Caractères microscopiques**

Les observations s'effectuent dans une goutte d'eau ou de glycérol, sans utiliser de colorant ni de teinture.

- **Feuilles raméales** (complètes, vues à plat) à chlorocystes à paroi ornementée de pectinations; en forme de triangle équilatéral (en coupe transversale).

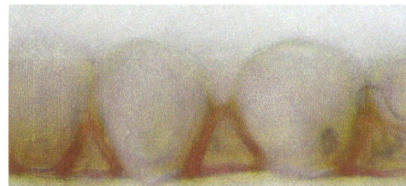

Feuille raméale (vue à plat)   (c. t.)

- **Feuilles caulinaires** (complètes, vues à plat) à chlorocystes à paroi sans pectinations ou à pectinations peu développées, rares ou indistinctes.

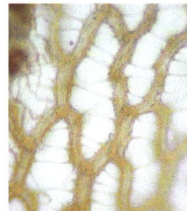

- **Tige** (en coupe transversale) à cellules corticales internes sans pectinations là où elles sont en contact avec le scléroderme.

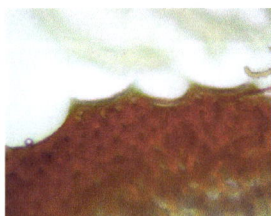

⬚⬚ **Différences entre les espèces semblables**

- Les hyalocystes des feuilles caulinaires (complètes, vues à plat) de *Sphagnum austinii* ont des pectinations évidentes, facilement observables, qui s'étendent souvent sur toute la longueur de la feuille ou presque.

Biotope

- Dépressions basses. Son biotope est similaire à celui de *Sphagnum papillosum*.

Habitat

- Espèce d'amplitude écologique relativement grande : colonie dans un petit marais proche du littoral, zone de contact entre un fen et un affleurement de till de fond, platière tourbeuse en bordure de rivière ou de petites mares ou grand fen à cypéracées et *Betula glandulosa*.

Répartition

- Espèce arctique-subarctique circumboréale. Peu de chevauchement géographique avec les autres espèces du complexe *Sphagnum imbricatum*. Assez commune dans le nord du Québec (au nord du 58ᵉ parallèle).

Sphagnum centrale en nature
© Mélina Guêné-Nanchen

2

Sous-genre *Rigida*

⚗ Caractères microscopiques

- **Feuilles raméales** (coupe transversale) à marge creusée d'un sillon de résorption.

🔍 Caractères de terrain (macroscopiques)

- **Feuilles caulinaires** grossièrement triangulaires, très petites, beaucoup plus courtes que les feuilles raméales (environ le tiers de la longueur).

F. caul. + F. ram.   F. caul. + F. ram.

Clé des espèces

1. **Feuilles raméales** (coupe transversale) à chlorocystes ovales; ces cellules sont totalement englobées entre les deux hyalocystes contigus; hyalocystes à paroi sans papilles ....
.... ***Sphagnum compactum***

1. **Feuilles raméales** (coupe transversale) à chlorocystes elliptiques, mais avec une extrémité plus large que l'autre, l'extrémité la plus large étant située du côté de la face convexe; ces cellules isolent complètement l'une de l'autre les deux hyalocystes contigus; hyalocystes à paroi avec papilles ....***Sphagnum strictum***

Caractères microscopiques

- **Feuilles raméales** longues jusqu'à 3,0 mm, cucullées mais à sommet abruptement involuté (donnant à celles-ci la forme d'une « selle de vélo » ou de « cuillère chinoise »; apex tronqué, denté; marge (coupe transversale) creusée d'un sillon de résorption; chlorocystes (coupe transversale) elliptiques, totalement englobés entre les deux hyalocystes contigus.

Feuilles raméales (en forme de selle de vélo)

Apex denté

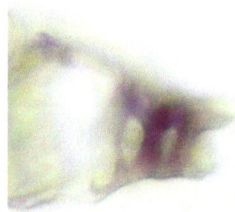

Sillon de résorption (c. t.)

Chlorocystes elliptiques (c. t.)

- **Feuilles caulinaires** très petites, longues de 0,3 à 0,7 mm (environ le tiers ou moins de la longueur des feuilles raméales), grossièrement triangulaires, apex largement arrondi et souvent érodé.

Feuilles caulinaires

F. raméale

Biotope

- Petits coussins (colonies) très compacts et aplatis sur le sol (buttes basses).

Habitat

- Croît communément dans les tourbières minérotrophes, surtout dans les régions nordiques. On le retrouve aussi directement sur des sables pauvrement drainés, les roches siliceuses, la tourbe nue et les rochers suintants. Milieux riverains. Anciens habitats de castor drainés. Bastien et Garneau (1997) mentionnent comment il est difficile de prévoir où l'on peut rencontrer cette espèce; il est donc toujours étonnant de la trouver sur des sols perturbés ou dans des fossés de drainage. Sphaigne largement répandue.

Caractères de terrain (macroscopiques)

- Tapis de grosses sphaignes compactes dont le bout des **feuilles raméales** paraît avoir été brouté.
- Feuilles caulinaires très petites.
- Petit **capitulum**, peu développé, difficile à distinguer parce que caché par les **rameaux** supérieurs.
- **Rameaux divergents** courts et épais, contrastant avec les **rameaux pendants** qui engainent la **tige** mince et brun foncé.
- **Feuilles raméales** en forme de selle de vélo.

Croît en coussins compacts

🔬 **Caractères microscopiques**

- **Feuilles raméales** dressées-étalées semblant squarreuses, longues jusqu'à 3,0 mm, cucullées mais à sommet rétréci (donnant souvent à celle-ci la forme d'une « selle de vélo »; apex tronqué, denté; marge (coupe transversale) creusée d'un sillon de résorption; chlorocystes (coupe transversale) elliptiques, mais avec une extrémité plus large que l'autre, extrémité la plus large située du côté de la face convexe; ces cellules isolent complètement l'une de l'autre les deux hyalocystes contigus.

Feuilles raméales   Apex denté

Chlorocystes (c. t.)   Sillon de résorption

- **Feuilles caulinaires** petites, longues de 0,3-0,7 mm (environ le tiers ou moins de la longueur des feuilles raméales), grossièrement triangulaires à lingulées, apex arrondi, semblant parfois aigu dû aux marges involutées.

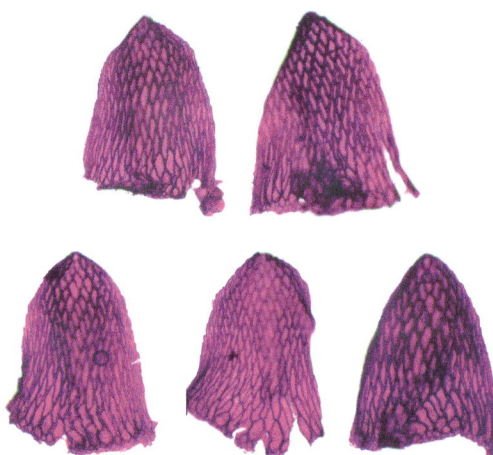

Note : Par ses feuilles raméales dressées-étalées, cette espèce ressemble grossièrement à *Sphagnum squarrosum*.

⊗◯ Différences entre les espèces semblables

- *Sphagnum strictum* possède une tige plus pâle et des feuilles raméales plus squarreuses que celles de *S. compactum*.

Biotope

- Forme des tapis lâches.

Habitat

- Dans des peuplements mixtes composés de pruches, d'épinettes, de sapins, de pins, de chênes et de bouleaux; dans des landes ou des marécages. Parfois en bordure de lacs ou de ruisseaux rocheux, ou dans un fossé de bord de route.

🔍 Caractères de terrain (macroscopiques)

- **Plante** dressée, formant des tapis lâches.
- Tout comme pour *Sphagnum compactum*, apparence aussi d'avoir été brouté, mais laissant souvent trois dents plus ou moins bien formées à l'**apex**.

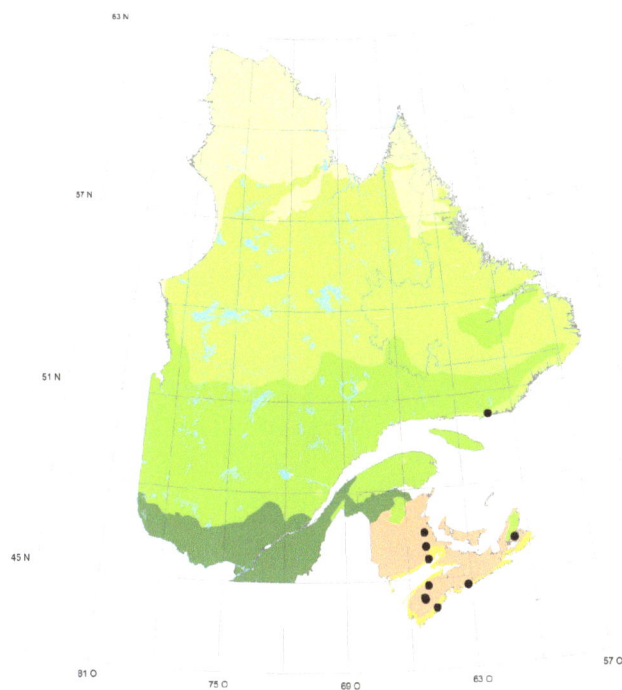

Spécimen séché

Sphagnum compactum

3

Sous-genre *Cuspidata*

Attention : *Sphagnum trinitense* Müller, du sous-genre *Cuspidata*, est mentionné pour le territoire couvert par le présent guide (Île-du-Prince-Édouard). Pour une description complète de cette espèce, l'utilisateur devrait consulter Flora of North America Editorial Committee (2007 : vol. 27, p. 77).

Caractères microscopiques

- **Feuille raméale** (coupe transversale) à chlorocystes triangulaires ou trapézoïdaux, base du triangle ou du trapèze située du côté de la face convexe de la feuille.

Caractères de terrain (macroscopiques)

- Les sphaignes de milieux humides de ce sous-genre ont des rameaux longs et effilés se terminant par des extrémités pointues.

- Les espèces de ce sous-genre sont rarement colorées de rouge.

- Les feuilles sont souvent altérées ou froissées à l'état sec.

Clé des espèces

1. **Feuilles raméales et feuilles caulinaires** très semblables quant à la forme (ovées à lingulées), la taille et la structure anatomique .... ***Sphagnum tenellum***

Feuilles raméales   Feuilles caulinaires

1. **Feuilles raméales** et **feuilles caulinaires** très différentes quant à la forme, la taille et la structure anatomique **2**

Feuilles raméales   Feuilles caulinaires

2. **Feuilles raméales** (face convexe) à hyalocystes avec des pseudopores minuscules, sans contours nets (observables sous très forte coloration), libres des commissures, parfois avec 2 pseudopores par espace interfibrillaire; face concave comme la face convexe, ou avec un peu moins de pseudopores ou sans pseudopores (espèce peu commune, restreinte au Nord québécois) .... ***Sphagnum obtusum***

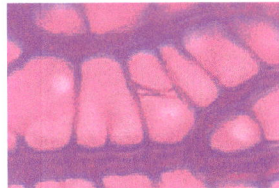

Feuille raméale   face convexe   face concave

2. **Feuilles raméales** (faces convexe et concave) à hyalocystes sans aucun pore ou avec des pores ou des pseudopores nettement visibles et à contours bien définis..**3**

 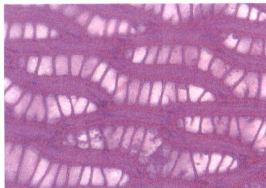 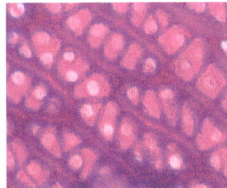 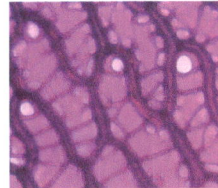 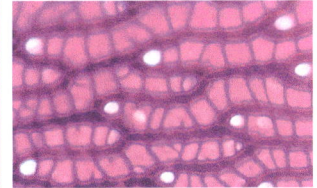

Feuilles raméales   face convexe   face concave

3. **Feuilles caulinaires** à apex érodé, lacéré ou échancré sur toute sa largeur ou une partie de sa largeur..**4**

3. **Feuilles caulinaires** à apex entier, aigu à obtus ou arrondi, apiculé ou mucroné **10**

4. **Feuilles caulinaires** triangulaires à triangulaires-lingulées, plus larges près de la base **5**

4. **Feuilles caulinaires** spatulées, lingulées-spatulées à grossièrement quadrangulaires, plus larges près du milieu **9**

5. **Feuilles caulinaires** à apex avec une échancrure apicale profonde nettement en forme de V .... *Sphagnum riparium*

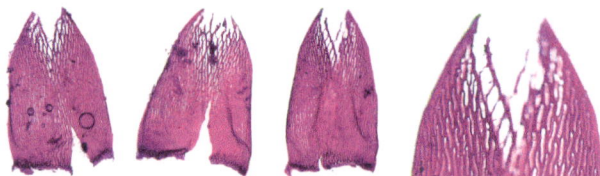

5. **Feuilles caulinaires** à apex érodé ou lacéré, sans échancrure profonde en forme de V **6**

6. **Feuilles raméales** longues de 3,0 mm ou plus.........................***Sphagnum torreyanum*** (en partie)

6. **Feuilles raméales** longues de moins de 3,0 mm...**7**

7. **Feuilles caulinaires** longues de moins de 0,8 mm ....**le complexe *Sphagnum recurvum* 22**

7. **Feuilles caulinaires** longues de plus de 0,8 mm...**8**

8. **Feuilles caulinaires** (partie apicale) à hyalocystes avec fibrilles fortes et bien marquées, apex faiblement érodé .... ***Sphagnum balticum*** (en partie)

8. **Feuilles caulinaires** (partie apicale) à hyalocystes sans fibrilles ou à fibrilles faibles ou peu marquées, apex fortement érodé .... **le complexe** *Sphagnum recurvum* **22**

9. **Feuilles caulinaires** de moins de 1,0 mm de longueur; apex (seulement) avec de nombreux hyalocystes à paroi totalement résorbée laissant apparaître une figure nettement en forme de V : résorption ne s'étendant pas vers les côtés jusqu'à la partie la plus large de la feuille (aux épaules). (Espèce de la toundra arctique à lichens.) .... *Sphagnum lenense*

9. **Feuilles caulinaires** de plus de 1,0 mm de longueur; apex et majorité de la surface avec de très nombreux hyalocystes à paroi totalement résorbée, ne laissant pas apparaître une figure nettement en forme de V : résorption s'étendant vers les côtés jusqu'à la partie la plus large de la feuille (aux épaules) .... *Sphagnum lindbergii*

10. **Feuilles caulinaires** de moins de 0,8 mm de longueur........**le complexe** *Sphagnum recurvum* **22**

10. **Feuilles caulinaires** de plus de 0,8 mm de longueur..**11**

11. **Feuilles raméales** (face concave) à hyalocystes avec plus de 10 pores ou pseudopores (voir flèches) **12**

11. **Feuilles raméales** (face concave) à hyalocystes sans pores ou avec moins de 10 pores ou pseudopores **13**

12. **Feuilles raméales** (face convexe, portion médiane) à hyalocystes (partie apicale) avec habituellement 1-2(4) pores plus ou moins circulaires et libres des commissures ....
.... ***Sphagnum balticum*** (en partie)

12. **Feuilles raméales** (face convexe, portion médiane) à hyalocystes (partie apicale) avec plus de 5 pores plus ou moins circulaires et libres des commissures **14**

13. **Feuilles raméales** (face convexe) à nombreux hyalocystes avec 8 pores ou plus, dont plusieurs libres et alignés au centre de la cellule; souvent avec 1 ou 2 pores par intervalle de fibrilles; pores souvent aplatis et allongés en forme d'amande (en ovale) ....***Sphagnum majus***

13. **Feuilles raméales** (face convexe) à hyalocystes sans aucun pore ou avec moins de 8 pores presque tous commissuraux; jamais avec 2 pores par intervalle de fibrilles; pores non aplatis ni allongés en forme d'amande...**15**

14. **Feuilles raméales** à hyalocystes de la portion basale nettement plus longs que ceux de la portion médiane; sans pores annelés dans la partie apicale du hyalocyste (portion médiane de la feuille) .... ***Sphagnum jensenii***

Portion basale

14. **Feuilles raméales** à hyalocystes de la portion basale sensiblement de la même longueur que ceux de la portion médiane; avec au moins quelques pores annelés dans la partie apicale du hyalocyste (portion médiane de la feuille) ....***Sphagnum annulatum***

Portion basale

15. **Feuilles raméales** (face convexe) à hyalocystes sans aucun pore ni pseudopore......................**16**

15. **Feuilles raméales** (face convexe) à hyalocystes avec des pores ou des pseudopores **17**

16. **Plante** délicate, vert pâle ou jaune, faible et flasque (spécimen aquatique), rameaux ne semblant pas épineux-plumeux; bourgeon apical non évident ....***Sphagnum cuspidatum*** (en partie)

© Brad Scott

16. **Plante** robuste, vert foncé ou brune, raide, avec de longs rameaux étalés semblant épineux-plumeux (plante toujours nettement aquatique); bourgeon apical évident et plutôt proéminent (selon Gauthier 2001a) ....*Sphagnum torreyanum* (en partie)

© Shrewsbury Museums Service

© Blanka Aguaro

17. **Feuilles raméales** fortement et nettement alignées en rangées longitudinales (caractéristique plus évidente lorsque mouillées); feuilles raméales typiques (bien étalées à plat) : largement ovales, avec un apex abruptement rétréci en une pointe involutée. Rameaux fasciculés par 4. ....*Sphagnum pulchrum*

17. **Feuilles raméales** non distinctement alignées en rangées longitudinales; feuilles raméales typiques (bien étalées à plat) : longuement lancéolées à ovées-lancéolées, avec un apex graduellement et longuement involuté. Rameaux fasciculés par 4 ou 5. ....**18**

18. **Feuilles caulinaires** à apex aigu à apiculé **19**

18. **Feuilles caulinaires** à apex arrondi ou faiblement à largement obtus ou arrondi....................**21**

19. **Feuilles caulinaires** aussi longues que larges ou à peine plus longues que larges ....
.... (**le complexe *Sphagnum recurvum***)....**22**

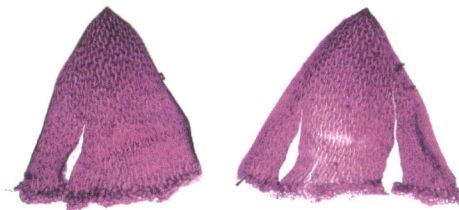

19. **Feuilles caulinaires** nettement plus longues que larges..**20**

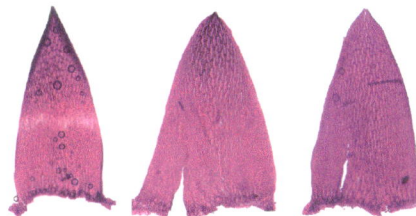

20. **Plante** délicate, vert pâle ou jaune, faible et flasque, rameaux ne semblant pas épineux-plu-meux; bourgeon apical non évident ....***Sphagnum cuspidatum*** (en partie)

© Brad Scott

20. Plante robuste, vert foncé ou brune, raide, avec de longs rameaux étalés semblant épineux-plumeux; bourgeon apical évident et plutôt proéminent.............***Sphagnum torreyanum*** (en partie)

© Shrewsbury Museums Service

© Blanka Aguaro

21. Feuilles raméales de moins de 2,0 mm de longueur.................. ***Sphagnum balticum*** (en partie)

21. Feuilles raméales de plus de 2,0 mm de longueur................. ***Sphagnum torreyanum*** (en partie)

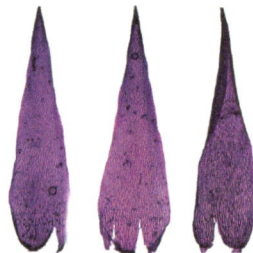

22. Le complexe *Sphagnum recurvum* (adapté de Flatberg 1992a, b)

🔍 **Caractères macroscopiques communs aux taxons**

- **Plantes** de taille petite à moyenne.

- **Tige** généralement pâle ou partiellement à totalement brun-rougeâtre.

- **Rameaux pendants**, 2-(3-4) dans chaque fascicule, couvrant presque entièrement la tige.

- **Rameaux divergents** délicats et nettement récurvés dans leur demie distale.

🔬 **Caractères microscopiques communs aux taxons**

- **Feuilles raméales** des rameaux divergents :

  – Complètes, vues à plat, portion médiane, près des marges :

  → **face convexe** à hyalocystes avec habituellement un pore à l'apex, et aucun ou quelques pores additionnels.

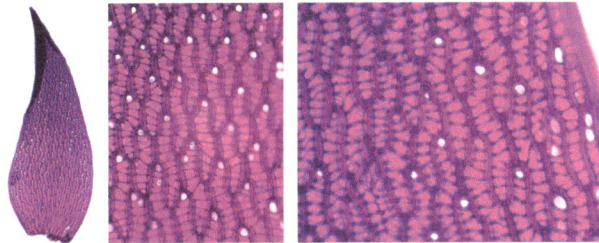

  → **face concave** à hyalocystes avec des pseudopores à l'apex et aux angles.

- **Feuilles caulinaires** pendantes, apprimées sur la tige ou étalées, plutôt courtes, sans aucun pore ni aucune fibrille, ou rarement légèrement à modérément fibrilleuses.

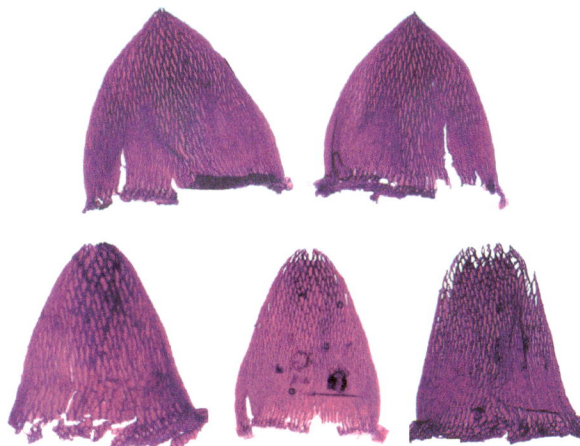

- **Tige** (coupe transversale) à cortex non différencié ou avec 1-2 couches de cellules différenciées.

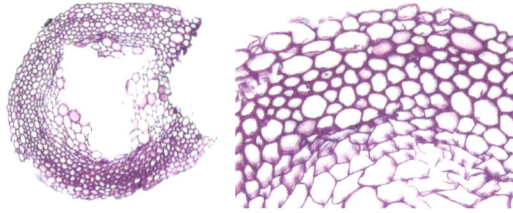

> **Attention :** Il serait souhaitable que les spécimens classés sous *Sphagnum recurvum* (*sensu lato*), conservés à l'Herbier Louis-Marie de l'Université Laval, ou dans d'autres herbiers, soient révisés de façon à déterminer à laquelle des espèces ci-après ils appartiennent. Avis aux intéressés.

Flatberg (1992a, b) reconnait six espèces au complexe *Sphagnum recurvum*, dont cinq se retrouvent sur le territoire couvert par ce guide.

- *Sphagnum angustifolium* (Russow) C. E. O. Jensen
- *Sphagnum fallax* (H. Klinggräff) H. Klinggräff
- *Sphagnum flexuosum* Dozy & Molkenboer
- *Sphagnum isoviitae* Flatberg
- *Sphagnum recurvum* P. Beauvois

22. Le complexe *Sphagnum recurvum*

22. **Feuilles caulinaires** à apex obtus à obtus-tronqué, arrondi, érodé ou non **23**

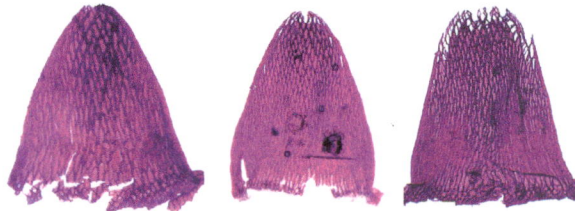

22. **Feuilles caulinaires** à apex aigu à apiculé **25**

23. **Tige** (coupe transversale) à cortex bien différencié en 1 ou 2 couches de cellules .... ***Sphagnum recurvum***

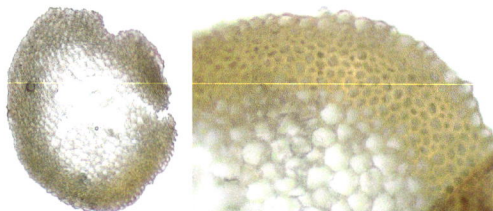

23. **Tige** (coupe transversale) à cortex non différencié **24**

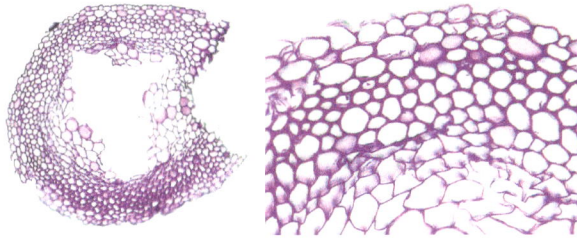

24. **Feuilles caulinaires** longues de moins de 0,8 mm ....*Sphagnum angustifolium*

24. **Feuilles caulinaires** longues de 0,8 mm ou plus ....*Sphagnum flexuosum*

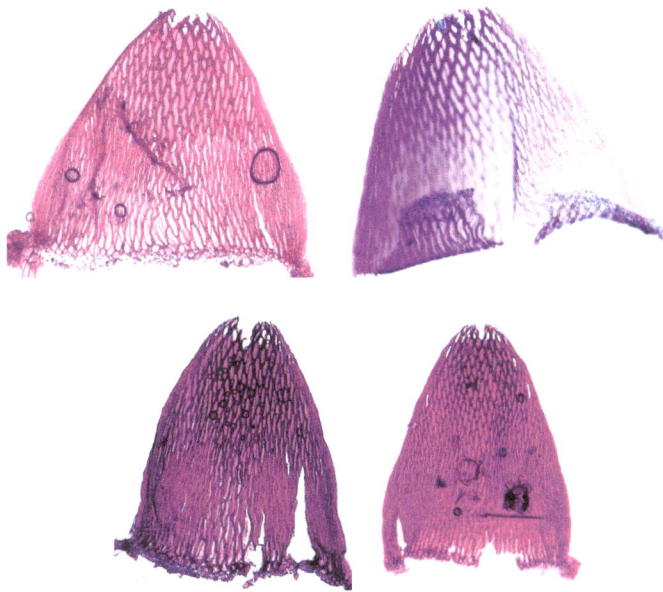

25. **Feuilles raméales** (observation sur **spécimen séché**) très fortement récurvées, habituellement non alignées en rangées longitudinales ou indistinctement alignées .... *Sphagnum fallax*

25. **Feuilles raméales** (observation sur **spécimen séché**) non récurvées, habituellement très nette- ment et fortement alignées en rangées longitudinales .... *Sphagnum isoviitae*

Note : Espèce appartenant au complexe *Sphagnum recurvum* (traité précédemment, à la p. 75).

Caractères microscopiques

- **Feuilles caulinaires** plus ou moins triangulaires-équilatérales, petites, longues de moins de 0,8 mm, le plus souvent de 0,6 à 0,7 mm; apex largement aigu à obtus, souvent érodé, hyalocystes avec ou sans fibrilles.

- **Feuilles raméales :**

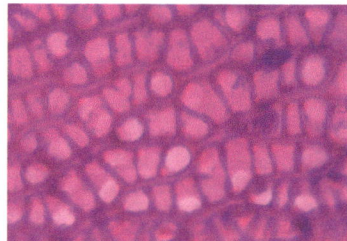

  – **face convexe** à hyalocystes avec de 1 à 3 pores à l'extrémité apicale (dont le premier occupe tout l'espace apical de la cellule jusqu'à la première fibrille);

  – **face concave** à hyalocystes avec de gros pseudopores ronds aux extrémités et dans les angles.

Note : Cette porosité particulière est très souvent plus évidente près des marges du tiers inférieur de la feuille.

Feuille raméale   face convexe

Feuille raméale   face concave

Biotope

- Tapis lâche, colonisant les dépressions, les buttes basses ou la marge des buttes hautes (« hummocks »).

Habitat

- Présent dans une grande variété d'habitats, des bogs aux fens riches, tourbières ouvertes, fens à carex et muskegs. Espèce très commune partout au Québec.

Caractères de terrain (macroscopiques)

- **Feuilles caulinaires** triangulaires, planes, bien apprimées vers le bas sur la tige, petites, habituellement légèrement érodées à l'**apex**.

- Les **capitula** ont tendance à former des pompons (convexes et compacts).

- **Plante** verte, mais jaune ou jaune-brun au soleil, tige pâle.

- La base des **rameaux divergents** est délavée avec du rose.

- Deux **rameaux pendants** qui sont nettement plus longs que les deux **rameaux divergents**.

Caractères microscopiques

- **Feuilles raméales :**

  - **face convexe**, partie médiane de la feuille, à hyalocystes avec plusieurs pores, générale-lement non annelés, alignés sur deux rangées n'ayant peu ou pas d'intervalles interfi-brillaires sans pores; partie apicale avec quelques petits pores annelés et non annelés libres, en rangée irrégulière;

  - **face concave** à hyalocystes avec peu de pores ou avec de nombreux pseudopores près des commissures.

Feuille raméale

face convexe

face concave

- **Feuilles caulinaires :** lingulées-triangulaires à apex arrondi parfois érodé; hyalocystes fibrilleux dans la partie apicale de la feuille.

- Cortex de la **tige** non différencié.

⊗○ Différences entre les espèces semblables

- *Sphagnum annulatum* présente une tige (coupe transversale) à cellules corticales non différenciées ou très faiblement différenciées, alors que *S. majus* et *S. jensenii* présentent une tige à cellules corticales nettement différenciées.

- Comparativement à *S. jensenii*, *S. annulatum* est moins robuste, plus petit, plus brun-marron (moins jaune-brun) et ses rameaux sont quelque peu courbés; son capitulum est plus nettement en étoile avec un bourgeon apical distinct; il préfère les tourbières plus riches et les habitats moins humides ou détrempés que *S. jensenii*.

Biotope

- Dans les tapis de sphaignes bien émergés, les platières ou à la marge des mares (« flarks »). Selon Laine et coll. (2009), souvent en présence de *Sphagnum jensenii*, de *S. majus* et de *S. linbergii*.

Habitat

- Principalement en tourbière minérotrophe modérément riche. Également dans les fens structurés où l'on retrouve une alternance de lanières et de mares longilignes. Aussi en milieux alpins et subalpins (trouvé à 900 m d'altitude au Québec), dans les milieux humides suintants et les combes à neige sur tourbe peu profonde.

🔍 Caractères de terrain (macroscopiques) (adapté de Flatberg 1988a)

- **Bourgeon apical** évident, habituellement de même longueur ou seulement légèrement plus court que les rameaux internes, et toujours visible.

- Feuilles des **rameaux divergents** remarquablement concaves et nettement plus petites près de l'extrémité proximale que dans la portion médiane.

- **Capitulum** brun marron luisant à parfois rouge-brun foncé; les rameaux du capitulum sont relativement droits lorsque vus du dessus.

- **Feuilles caulinaires** s'étalant à ± 90° de la tige à l'état frais.

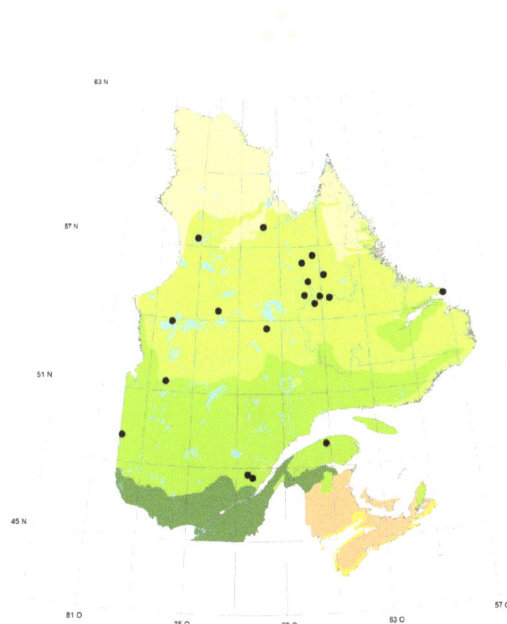

🔬 **Caractères microscopiques**

- **Feuilles caulinaires** oblongues-elliptiques à oblongues-triangulaires, longues d'environ 1 mm, apex arrondi-obtus (semblant parfois aigu à cause des marges involutées) parfois faiblement érodé, hyalocystes avec des fibrilles sur 20 à 50 % de la surface apicale.

- **Feuilles raméales** nettement plus longues que les feuilles caulinaires, souvent alignées en rangées, souvent subsecondes;

  - **face convexe** à hyalocystes avec de 1 à 5 pores libres des commissures près de l'apex cellulaire;

  - **face concave** à hyalocystes avec des pseudopores ronds à l'apex et aux angles.

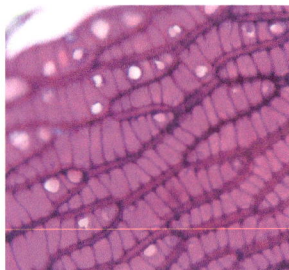

Feuille raméale   face convexe   face concave

⊗○ Différences entre les espèces semblables

- Le cortex de la tige de *Sphagnum balticum* est bien différencié en 2 ou 3 couches de cellules, contrairement à celui de *Sphagnum angustifolium*, de *S. fallax* et de *S. flexuosum*.

Biotope

- Souvent partiellement ou complètement submergé, en bordure des mares ou en tapis flottants. Aussi dans des habitats un peu plus secs, comme les dépressions humides.

Habitat

- Une espèce typique des platières humides des tourbières bombées, comme les fens pauvres ou les tourbières de couverture (« blanket bog »). Sur le bord des mares, *Sphagnum balticum* succède souvent à *S. cuspidatum* à partir de l'eau libre. Nettement plus commune en allant vers les régions nordiques.

🔍 Caractères de terrain (macroscopiques)

- **Plante** verte ou jaunâtre-brun à brun ou rouge-brun foncé.
- **Feuilles caulinaires** larges, ovées et concaves, divergentes de la tige.
- Les **feuilles caulinaires** se voient aisément à travers les rameaux à cause de leur abondance et de leur insertion à 90° sur les rameaux.

Caractères microscopiques

- **Feuilles caulinaires** longuement plus ou moins isocèles-triangulaires, longues de plus de 1,2 mm; apex aigu à apiculé; hyalocystes rarement avec des pores; région apicale de la feuille souvent avec des fibrilles.

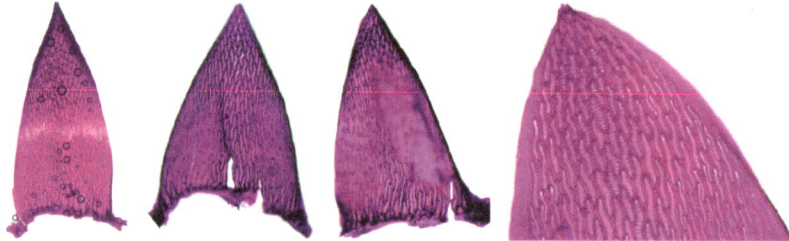

- **Feuilles raméales** de 4 à 5 fois plus longues que larges, ovées-lancéolées à lancéolées (souvent fortement involutées sur presque toute la longueur sur les spécimens aquatiques), nettement plus longues que les feuilles caulinaires (jusqu'à plus de 4 mm);

  - **face convexe** à hyalocystes sans aucun pore ou avec 1 petit pore rond à l'apex;

  - **face concave** à hyalocystes sans aucun pore ou avec des pseudopores à l'apex et aux angles.

Feuille raméale

face convexe

face concave

Différences entre les espèces semblables

- *Sphagnum cuspidatum* et *S. majus* peuvent aisément se distinguer sur le terrain. C'est à cause des longues feuilles raméales de *S. cuspidatum*, qui sont molles au toucher, alors que celles de *S. majus* sont plus rigides.

Biotope

- Tapis submergés.

Habitat

- Mares et dépressions des bogs et des fens pauvres. Habitats très humides : sphaigne souvent submergée pendant une période de l'année. Selon Gauthier (2001a), *Sphagnum cuspidatum* est « la sphaigne flottante par excellence des tourbières ombrotrophes du Québec méridional ».

Caractères de terrain (macroscopiques)

- **Plante** plumeuse, soyeuse.
- **Rameaux** plutôt flasques et faibles (spécimens aquatiques), ne semblant pas épineux-plumeux.
- **Bourgeon apical** peu visible.
- Lorsqu'une **tige** individuelle est sortie de l'eau, les rameaux mouillés s'agglomèrent en pointe de pinceau d'artiste.

Spécimen aquatique frais

Spécimen séché

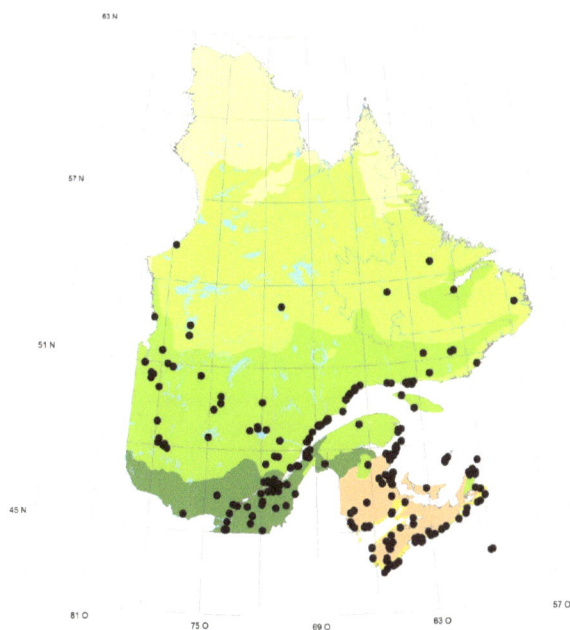

Note : Espèce appartenant au complexe *Sphagnum recurvum* (traité précédemment, p. 75).

Caractères microscopiques

- **Feuilles caulinaires** plus ou moins isocèles-triangulaires, longues de (0,7) 1,0 (1,4) mm, apex aigu ou apiculé, légèrement concaves; hyalocystes avec ou sans fibrilles, rarement avec pores.

- **Feuilles raméales :**

  - **face convexe** à hyalocystes avec 1 à 3 pores à l'apex (dont le premier occupe tout l'espace apical de la cellule jusqu'à la première fibrille);

  - **face concave** à hyalocystes avec de gros pseudopores ronds aux extrémités et dans les angles.

Note : Cette porosité particulière est très souvent plus évidente près des marges du tiers inférieur de la feuille.

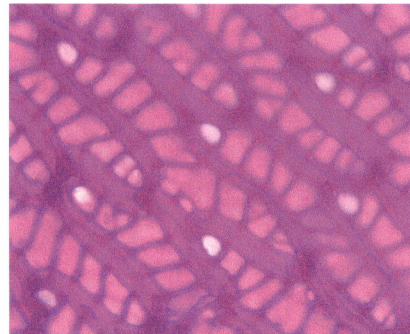

Feuille raméale

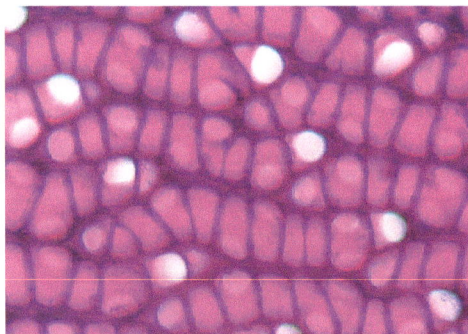

face convexe

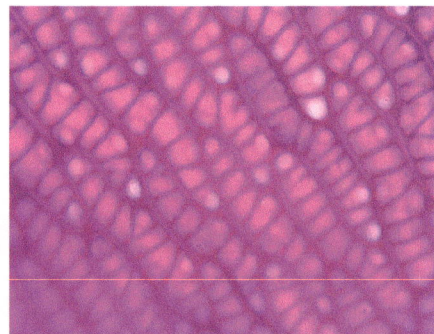

face concave

⊗◯ **Différences entre les espèces semblables**

- Comparativement à *Sphagnum angustifolium*, les feuilles caulinaires de *S. fallax* sont également bien apprimées vers le bas sur la tige, mais elles ont une forme plus concave et plus ondulée ou plissée sur la tige.

- Voir aussi *Sphagnum isoviitae*.

Biotope

- Platières humides.

Habitat

- Sphaigne largement distribuée dans les fens pauvres; souvent une espèce pionnière en tapis extensifs; occasionnellement dans les tourbières ombrotrophes et dans les dépressions à la base des buttes. Espèce très commune partout au Québec.

Caractères de terrain (macroscopiques)

- Toutes les **feuilles du capitulum** se recourbent (cf. *recurvum*) lorsqu'elles s'assèchent.

- Les **feuilles raméales** ont tendance à s'aligner en rangée (spécimen frais).

- **Feuilles caulinaires** apiculées, concaves.

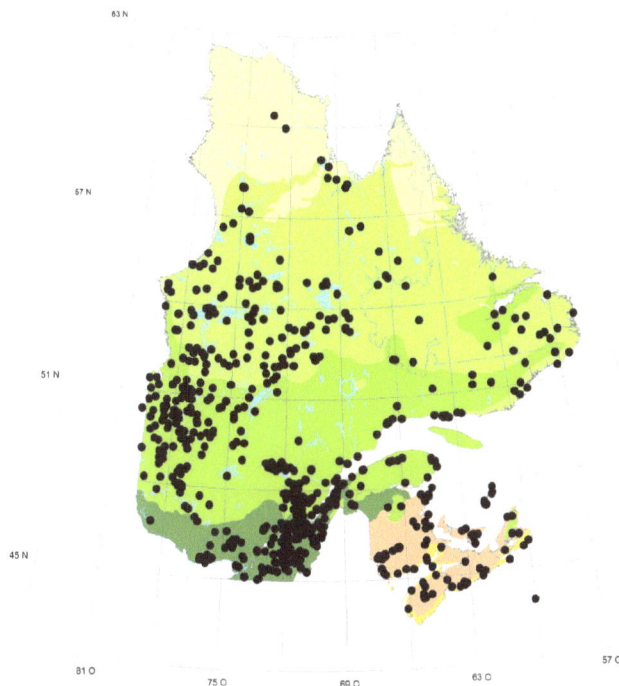

> **Note :** Espèce appartenant au complexe *Sphagnum recurvum* (traité précédemment, p. 75).

🔬 Caractères microscopiques

- **Feuilles caulinaires** plus ou moins triangulaires-lingulées, généralement nettement plus longues que larges, longues de 0,8 à 1,3 mm, apex obtus à arrondi, érodé à lacéré; hyalocystes généralement sans fibrilles.

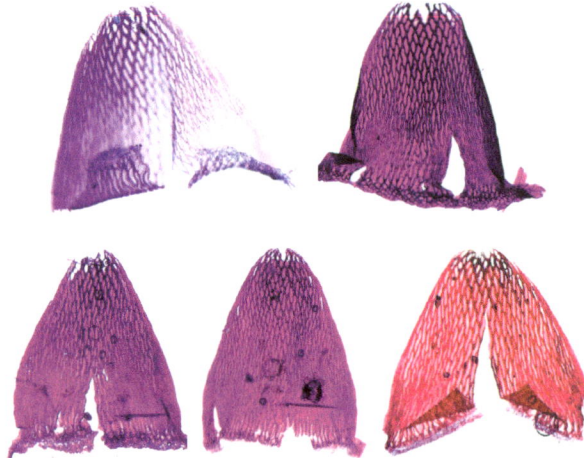

- **Feuilles raméales :**

    - **face convexe** à hyalocystes avec de 1 à 3 pores à l'apex (dont le premier occupe tout l'espace apical de la cellule jusqu'à la première fibrille);

    - **face concave** à hyalocystes avec de gros pseudopores ronds aux extrémités et dans les angles.

> **Note :** Cette porosité particulière est très souvent plus évidente près des marges du tiers inférieur de la feuille.

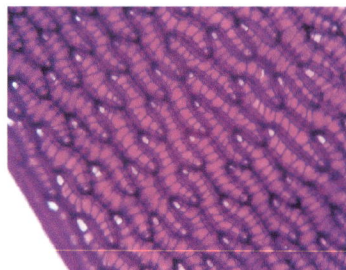

Feuille raméale

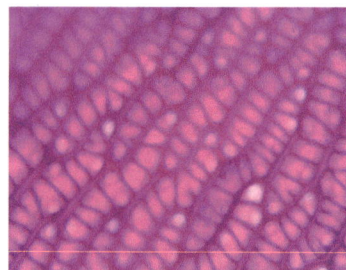

face convexe

face concave

⬤◯ **Différences entre les espèces semblables**

- Similaire à *Sphagnum angustifolium* et *S. fallax*, mais sa feuille caulinaire est plus arrondie, érodée, et la plante est de couleur plus pâle.
- Selon Laine et coll. (2009), les chlorocystes des feuilles raméales, qui peuvent être plus larges que les hyalocystes, constituent un bon caractère distinctif de *S. flexuosum*.

Biotope

- Tapis flottants, dépressions ou platières très humides, souvent en association avec *Carex limosa, C. lasiocarpa, C. oligosperma, Rhynchospora alba, Sphagnum fallax, S. majus, S. papillosum* ou *S. pulchrum*. Lagg (écotone tourbière – forêt). Bordure de ruisseau de boisé de conifères. Sur humus d'exploitations forestières d'essences résineuses. Parfois sur tourbe résiduelle après des activités d'extraction de la tourbe à des fins horticoles.

Habitat

- Fens modérément riches, surtout fens à carex ou avec mares. Fens pauvres dominés par des sphaignes. Pessières à sphaignes, mélézins, parfois en cédrière ou sapinière. Combes à neige. Espèce à large répartition au Québec, mais plutôt disséminée comparativement à *Sphagnum fallax* ou *S. angustifolium*.

🔍 **Caractères de terrain (macroscopiques)**

- Le **capitulum** est nettement différencié en une partie interne composée de petits **rameaux** bien serrés (souvent selon un patron concentrique) et une partie externe de rameaux blanchâtres, minces et longs donnant une forme étoilée lorsque observé du dessus.
- Dans le même sens, les Finlandais (Laine et coll. 2009) notent que les courts **rameaux** du **capitulum** forment deux sphères cylindriques, lui donnant l'apparence d'une fleur de trèfle.
- **Feuille caulinaire** érodée à l'apex.

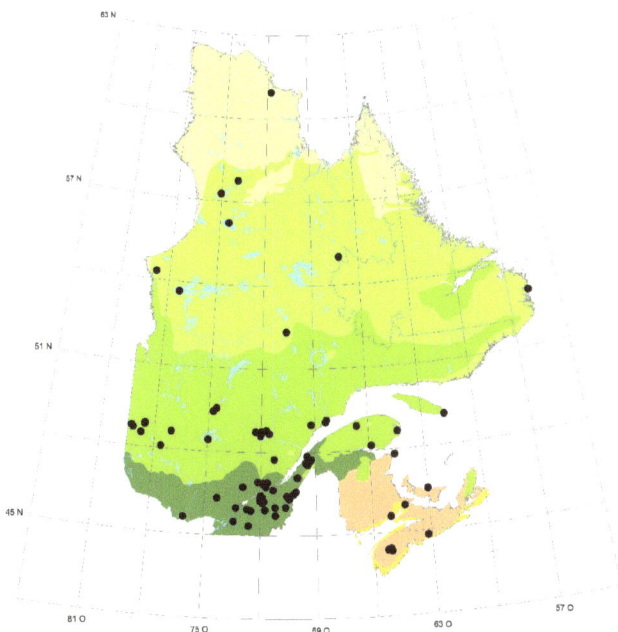

> **Note :** Espèce appartenant au complexe *Sphagnum recurvum* (traité précédemment, p. 75).

🔬 Caractères microscopiques

- **Tige** (coupe transversale) à cortex bien différencié en 1 à 3 couches.

- **Feuilles caulinaires** aiguës-apiculées, plus longues que larges.

Tige (c. t.)   Feuilles caulinaires

- **Feuilles raméales** plutôt étroites et habituellement très nettement alignées en rangées longitudinales, non récurvées ou seulement à pointe légèrement retroussée lorsque séchées;

    - **face convexe** à hyalocystes avec 1 à 3 pores à l'apex (dont le premier occupe tout l'espace apical de la cellule jusqu'à la première fibrille);

    - **face concave** à hyalocystes avec des gros pseudopores ronds aux extrémités et dans les angles.

> **Note :** Cette porosité particulière est très souvent plus évidente près des marges du tiers inférieur de la feuille.

 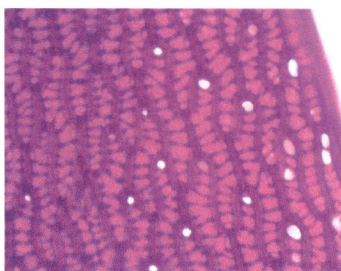 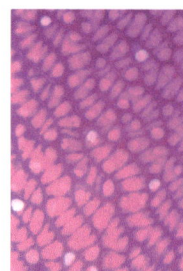

Feuille raméale   face convexe   face concave

> **Note :** Décrit en 1989, *Sphagnum isoviitae* est l'espèce la plus affine de *S. fallax*.

⊗○ Différences entre les espèces semblables

- Comme cette espèce est peu connue au Québec, nous rapportons les différences notées dans la littérature européenne.
  - Selon Flatberg (1992a), *Sphagnum isoviitae*, dont les caractéristiques sont très proches de *S. fallax*, peut s'en distinguer sur le terrain par son capitulum. Le *S. fallax* a un capitulum plus pâle (souvent vert ou moins brun), plus convexe, se présentant moins distinctement en forme d'étoile (vu du dessus), avec les parties internes et externes du capitulum moins différenciées et un bourgeon apical moins distinct (sauf parfois à l'automne).
  - Lorsque des spécimens séchés de *S. fallax* et de *S. isoviitae* sont examinés sous une loupe binoculaire, les espèces sont aisément différenciées par les feuilles raméales recourbées de *S. fallax* de celles pratiquement non recourbées de *S. isoviitae*; cette différence est évidente lorsque les rameaux divergents du capitulum sec sont vus du dessus.

Biotope

- Platières ou buttes basses. L'espèce évite les tapis très humides, contrairement à *Sphagnum fallax*. L'espèce est souvent associée à d'autres espèces du complexe *Sphagnum recurvum*.

⋎ Habitat

- Préférence pour les fens soligènes ou dans les assemblages de végétation de lagg (écotone tourbière – forêt). Fens pauvres exposés. Dépressions humides de tourbières côtières ombrotrophes. Marécages d'aulnes.

🔍 Caractères de terrain (macroscopiques)

- Flatberg (2002) distingue cette espèce du complexe *Sphagnum recurvum* par le fait que plusieurs ou presque tous les **rameaux** de la partie interne et médiane du **capitulum** sont quelque peu recourbés latéralement, alors que ceux de la partie externe sont beaucoup plus raides (droits).
- **Capitulum** brun et aplati avec une apparence 5-radiés, à rameaux externes et internes quelque peu courbés latéralement et formant une partie bien délimitée.
- **Bourgeon apical** visible.

🔬 **Caractères microscopiques**

- **Feuilles raméales** longues de plus de 2 mm; hyalocystes environ 1½ fois plus longs à la base que dans la partie médiane de la feuille;

    – **face convexe**, partie apicale avec plusieurs pseudopores commissuraux parfois associés à quelques pores libres; partie médiane à hyalocystes avec plusieurs (14 à 16) pores en 1 ou 2 rangées irrégulières associés à des pseudopores commissuraux.

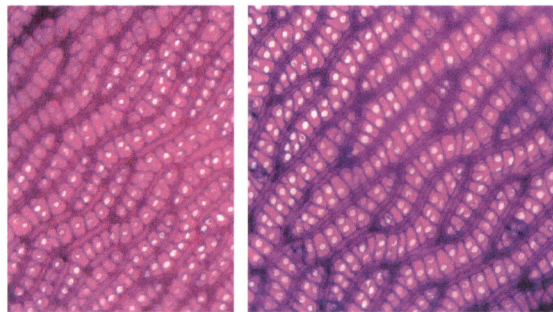

face convexe

- **Feuilles** caulinaires lingulées-ovées à lingulées-triangulaires, longues de 1,2 ou 1,3 mm; ratio largeur/longueur de 0,73.

Feuilles caulinaires

- **Tige** à cellules corticales nettement différenciées.

⊗○ Différences entre les espèces semblables

- *Sphagnum jensenii* se différencie principalement de *S. annulatum* et de *S. balticum* par ses rameaux divergents plus longs et par ses feuilles raméales et caulinaires plus longues.

Biotope

- Surtout dans les tapis détrempés; sphaigne souvent submergée.

Habitat

- Fens pauvres à modérément riches, prioritairement dans une végétation de tourbière (pH de 3,7 à 5,7). Évite les tourbières strictement ombrotrophes, contrairement à son parent *Sphagnum balticum* (Såstad et coll. 1999).

Caractères de terrain (macroscopiques)

- Grosse sphaigne robuste, brun-jaunâtre mat à brun, plus grosse que *Sphagnum balticum*.
- **Capitulum** dont le diamètre dépasse habituellement 1,5 cm.
- **Bourgeon apical** normalement visible, mais non proéminent et parfois caché par les **rameaux internes** courbés.
- À l'automne, les **rameaux externes** du **capitulum** s'amincissent graduellement, formant souvent de petites propagules à la partie distale.

🔬 **Caractères microscopiques**

- **Feuilles caulinaires** lingulées, petites, longues de 0,8 mm ou moins; apex, avec nombreux hyalocystes à paroi totalement résorbée laissant apparaître une figure nettement en forme de V : la résorption ne s'étendant pas jusqu'à la partie la plus large de la feuille (aux épaules).

Feuilles caulinaires

- **Rameaux** à feuilles nettement alignées en rangées longitudinales.

- Les **feuilles raméales** ne comportent pas de caractéristiques diagnostiques utiles autres que celles présentées dans la clé ou au début du sous-genre.

Feuille raméale

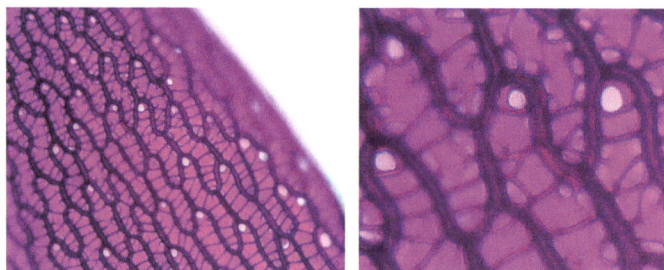

face convexe

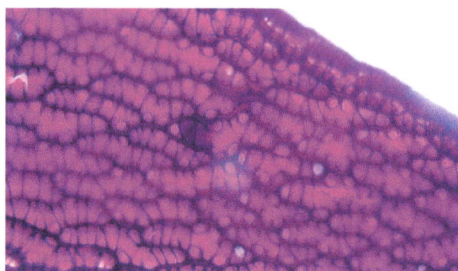

face concave

Biotope

- Espèce arctique à biotopes très variables. Tapis de dépression humide, platières sur tourbe ou sur rocher, buttes allant jusqu'à 30 ou 40 cm de hauteur.

Habitat

- Selon Gauthier (2001a), *Sphagnum lenense* est « avant tout une espèce de la toundra arctique à lichens où il croît sur la tourbe, dans les dépressions et à la marge des lacs et des étangs, et surtout à la marge des mares, occupant les dépressions de la roche en place ».

Caractères de terrain (macroscopiques)

Port

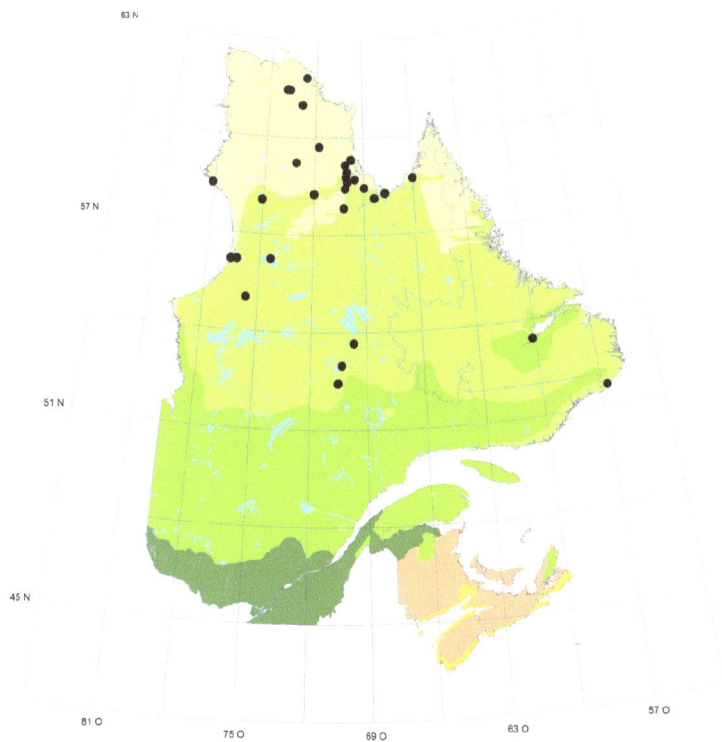

Caractères microscopiques

- **Feuilles caulinaires** lingulées-spatulées, grandes, longues de (1,2-) 1,3-1,6 mm, apex et majorité de la surface avec de très nombreux hyalocystes à paroi totalement résorbée, ne laissant pas apparaître une figure nettement en forme de V : résorption s'étendant jusqu'à la partie la plus large de la feuille (aux épaules).

- Les **feuilles raméales** n'ont pas de caractéristiques diagnostiques utiles autres que celles présentées au début du sous-genre ou dans la clé.

Biotope

- Tapis flottants.

Habitat

- Tourbières boréales ombrotrophes à faiblement minérotrophes. Mares de thermokarst.

Caractères de terrain (macroscopiques)

- **Plante** robuste de couleur brun-orangé à brun-rouille.
- **Bourgeon apical** proéminent.
- **Tige** brun foncé.
- **Feuilles caulinaire**s à apex très large et lacéré, pendantes, dirigées vers le bas et si rapprochées qu'elles se superposent.
- **Feuilles raméales** nettement alignées en rangées longitudinales.

Spécimen séché

Spécimens frais

21. *Sphagnum majus* (Russow) C. E. O. Jensen

Caractères microscopiques

- **Feuilles raméales** longues de plus de 2 mm :
  - **face convexe** à hyalocystes souvent avec 2 pores par intervalle interfibrillaire, surtout alignés en 2 rangées longitudinales; pores larges de plus ou moins 1/3 de la largeur de la cellule;
  - **face concave** à hyalocystes sans aucun pore ou occasionnellement avec quelques pseudopores aux extrémités cellulaires et aux angles.

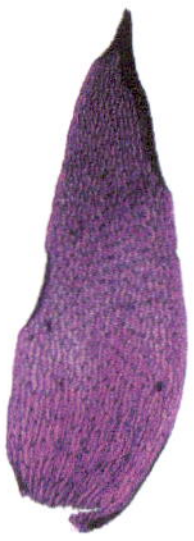

Feuille raméale

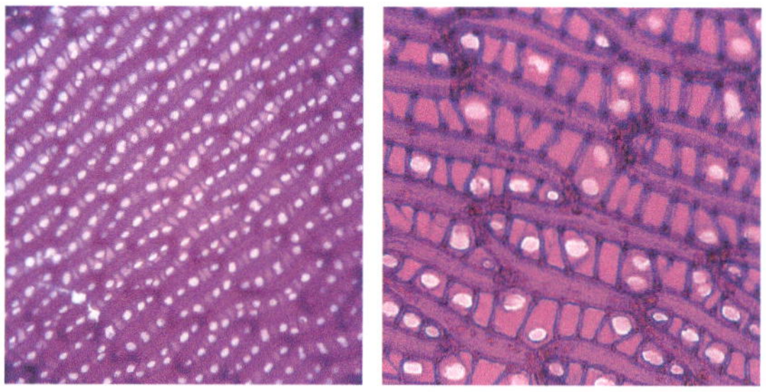

face convexe

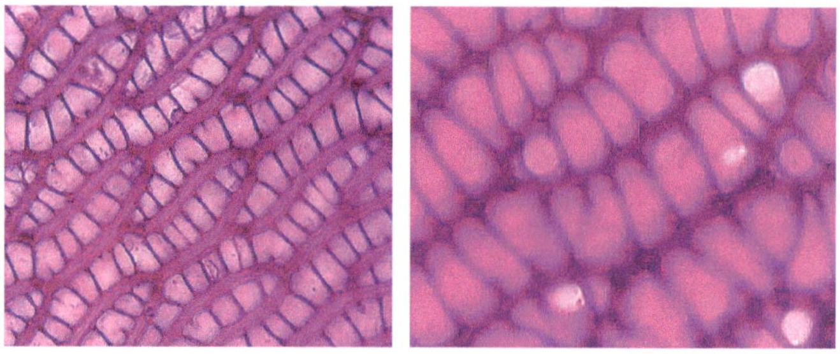

face concave

- Les **feuilles caulinaires** n'ont pas de caractéristiques diagnostiques utiles autres que celles précédemment traitées dans les clés.

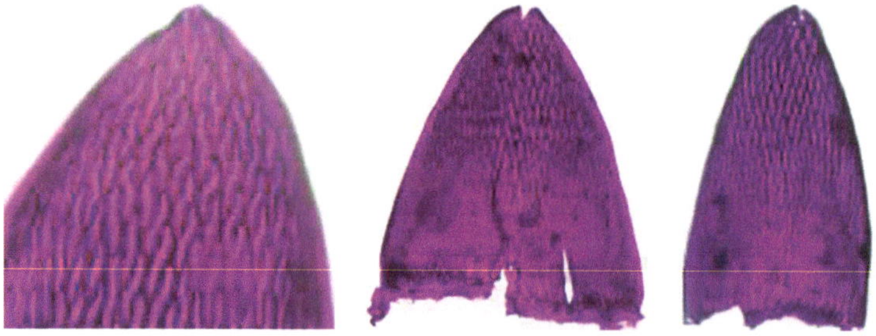

Feuilles caulinaires

⊗◯ **Différences entre les espèces semblables**

- Espèces proches : *Sphagnum annulatum*, *S. balticum*, *S. jensenii* et *S. cuspidatum* (voir ces espèces).

Biotope

- Sur les tapis flottants, l'espèce est souvent mélangée avec *Sphagnum cuspidatum* dans l'est de l'Amérique du Nord.

Habitat

- Selon Gauthier (2001a), *Sphagnum majus* « colonise les dépressions à nappe phréatique affleurante et ceinture les mares et les étangs des tourbières ombrotrophes et minérotrophes pauvres de la région boréale ».

Caractères de terrain (macroscopiques)

- **Capitulum** gris-vert jaunâtre sale.

- **Rameaux** souvent courbés.

- **Bourgeon apical** difficilement visible à cause des rameaux internes du capitulum qui se recourbent comme un parapluie.

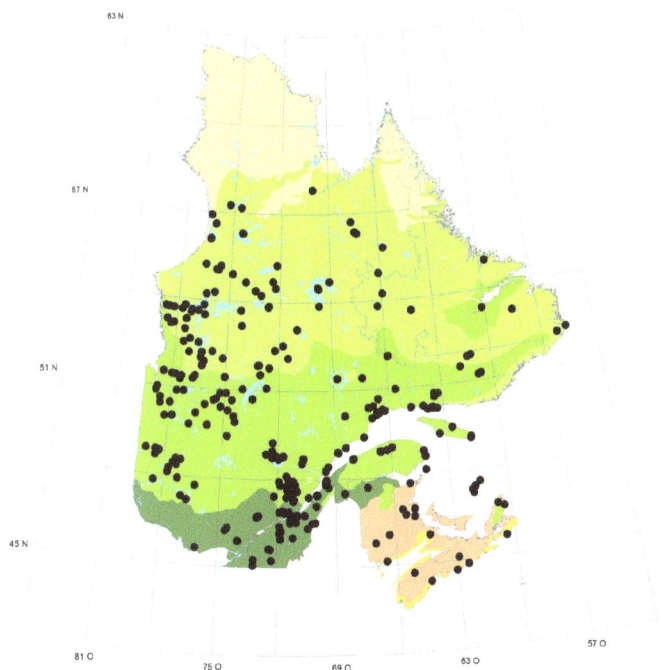

Caractères microscopiques

- **Feuilles raméales :**

  - **face convexe** à hyalocystes avec des pseudopores minuscules, sans contours nets (observables sous très forte coloration), libres des commissures, parfois avec 2 pseudopores par espace interfibrillaire;

  - **face concave** comme la face convexe, ou avec un peu moins de pseudopores ou sans pseudopores.

Feuille raméale

face convexe

face concave

- **Feuilles caulinaires** grossièrement triangulaires, à apex arrondi et plus ou moins érodé, longues de 0,9 à 1,5 mm.

Note : Les minuscules pseudopores des feuilles raméales permettent de distinguer *Sphagnum obtusum* de toutes les autres espèces du sous-genre *Cuspidata*.

⬡○ Différences entre les espèces semblables

- Le capitulum de *Sphagnum obtusum* est d'un vert plus pâle que celui de *S. angustifolium*.

Biotope

- Tapis humide.

Habitat

- Tourbières minérotrophes ou cariçaies très humides. Selon Gauthier (2001a), les « quelques rares récoltes de *Sphagnum obtusum* du Nord québécois montrent qu'il se rencontre dans les habitats particulièrement humides des tourbières ». Espèce de distribution nordique à fréquence sporadique.

🔍 Caractères de terrain (macroscopiques)

- Sur les buttes : gros **capitulum** vert pâle au centre et brun pâle-rosé sur le pourtour.
- **Rameaux** recourbés vers le haut autour du capitulum.
- **Rameaux** courts et obtus.
- **Feuille caulinaire** généralement érodée à l'apex.

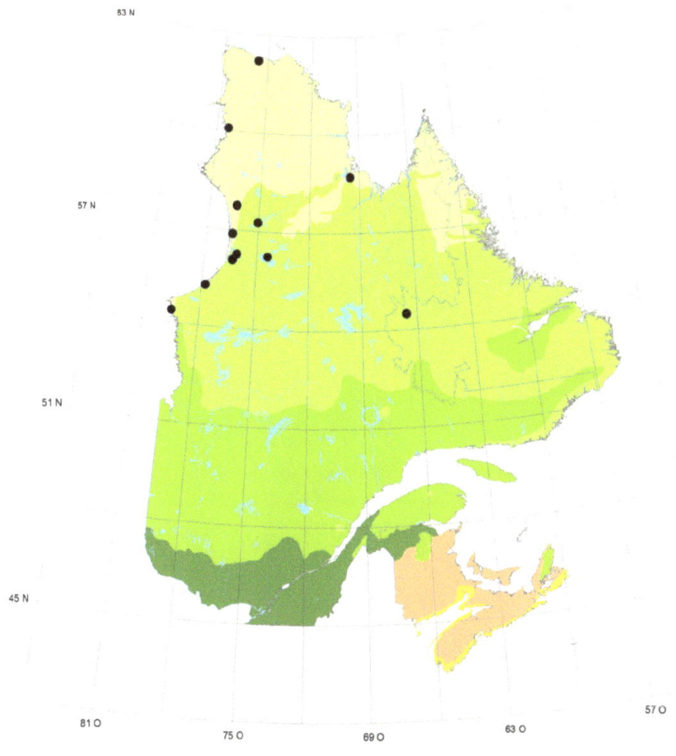

Caractères microscopiques

- **Feuilles raméales** fortement et nettement alignées en 5 rangées longitudinales (caractéristique plus évidente lorsque mouillées); les feuilles raméales typiques (bien étalées à plat) largement ovales avec un apex abruptement acuminé.

- **face convexe** à hyalocystes avec un gros pore terminal (comme dans le complexe *Sphagnum recurvum*), souvent accompagné d'un second pore (plus fréquent à la marge).

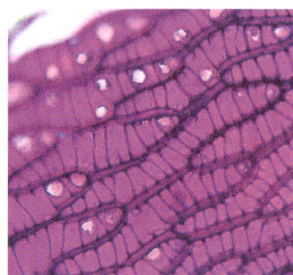

Feuille raméale   face convexe   face concave

- **Feuilles caulinaires** grossièrement triangulaires à trianglaires-lingulées; apex apiculé, concaves, aigu ou étroitement obtus; hyalocystes sans fibrilles.

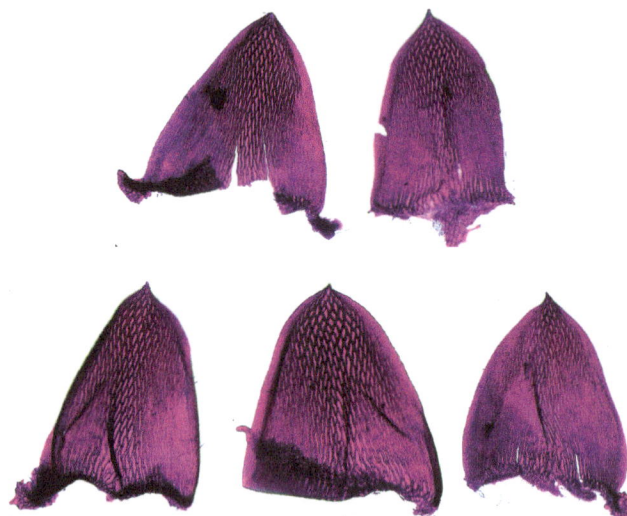

Biotope

- Forme des tapis denses au niveau de la nappe phréatique, colonise surtout les tapis flottants.

Habitat

- Abondant dans les fens pauvres à modérément pauvres, mais aussi dans les tourbières ombrotrophes, en particulier dans les régions maritimes.

Caractères de terrain (macroscopiques)

- **Plante** robuste de couleur jaune intense à orangée.
- Fascicules de 4 **rameaux** (2 divergents et 2 pendants).
- **Feuilles caulinaires** triangulaires, acuminées-apiculées.
- **Feuilles raméales** nettement disposées sur 5 rangs, recourbées lorsque sèches.
- Centre du **capitulum** avec **rameaux** courts, très tassés et fortement arqués en tous sens, alors qu'à la périphérie les rameaux sont longs, droits ou plus ou moins recourbés.

Rameaux de spécimens séchés

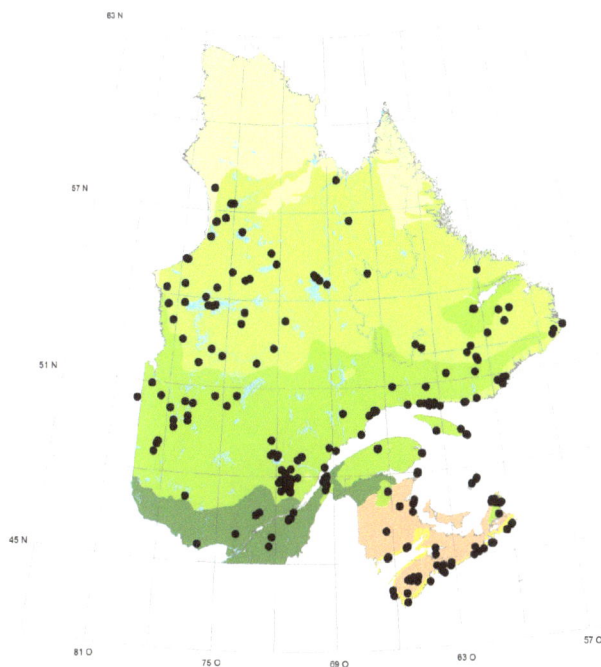

24. *Sphagnum recurvum* P. Beauvois (sensu stricto)

> **Note :** Espèce appartenant au complexe *Sphagnum recurvum* (traité précédemment, p. 75).

> **Attention :** Il serait souhaitable que les spécimens classés sous *Sphagnum recurvum* (*sensu lato*), conservés à l'Herbier Louis-Marie de l'Université Laval, ou dans d'autres herbiers, soient révisés de façon à confirmer leur identification. Avis aux intéressés.

🔬 Caractères microscopiques

- **Tige** (coupe transversale) à cortex bien différencié en 1 ou 2 couches de cellules.

Tige (c. t.)

- **Feuilles caulinaires** plus ou moins triangulaires-lingulées, généralement nettement plus longues que larges, longues de 0,8 à 1,3 mm; apex obtus à arrondi, érodé à lacéré; hyalocystes généralement sans fibrilles.

Feuilles caulinaires

- **Feuilles raméales** remarquablement récurvées lorsque séchées; très nettement alignées en rangées longitudinales;
    - **face convexe** à hyalocystes avec un pore apical et 1 à 3 pores additionnels;
    - **face concave** à hyalocystes avec des pseudopores à l'apex et aux angles.

> **Note :** Cette porosité particulière est très souvent plus évidente près des marges du tiers inférieur de la feuille.

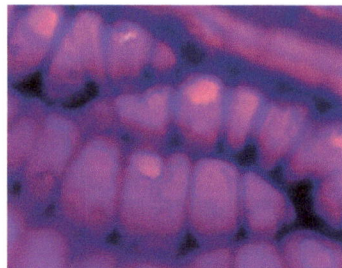
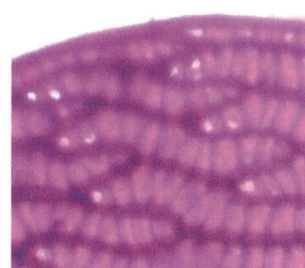
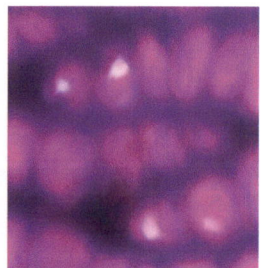

Feuilles raméales   face concave   face convexe

Biotope

- Le seul spécimen confirmé a été récolté en 1968 par Robert Gauthier sur une tourbe oligotrophe sur le pourtour d'un lac en Nouvelle-Écosse.

Habitat

- Bande tourbeuse à éricacées (*Gaylussacia*, *Chamaedaphne calyculata* et *Kalmia angustifolia*).

Caractères de terrain (macroscopiques)

- **Feuilles raméales** récurvées, alignées en rangées longitudinales.

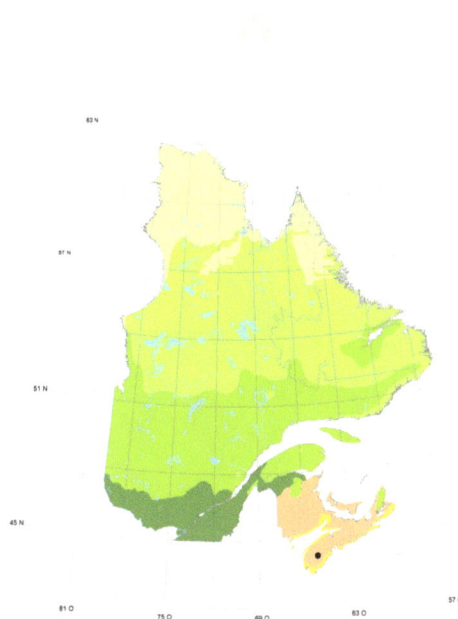

Caractères microscopiques

- **Feuilles caulinaires**, triangulaires-lingulées, à apex avec une échancrure lacérée profonde faisant apparaître une figure nettement en forme de V.

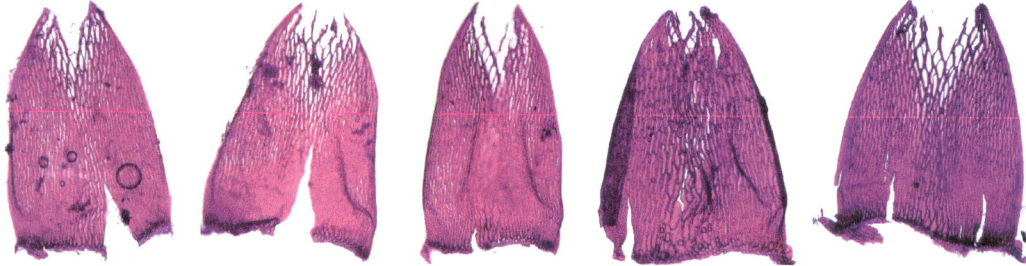

Feuilles caulinaires

- **Feuilles raméales :**

  - **face convexe** à hyalocystes avec un très grand pore apical (visible dans la portion médiane de la feuille, même à faible grossissement microscopique);

  - **face concave** à hyalocystes avec des pseudopores aux extrémités cellulaires et aux angles.

Feuilles raméales

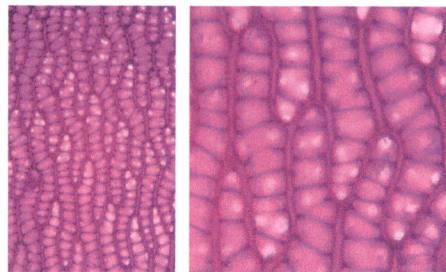

face convexe   face concave

Biotope

- Forme communément des tapis extensifs.

Habitat

- Tourbières faiblement minérotrophes. Occupe aussi les pessières à sphaignes et les anciennes tranchées des tourbières exploitées manuellement pour la tourbe horticole.

Caractères de terrain (macroscopiques)

- **Bourgeon apical** évident, conique, très fortement proéminent et à diamètre beaucoup plus grand que celui des **rameaux** environnants.

- Ce **bourgeon apical** devient blanc, au sommet, et très visible lorsque la colonie est sous stress hydrique.

- Peut produire de très longues **tiges** en une seule saison de croissance (plus de 50 cm de long!).

- Encoche ou déchirure de la **feuille caulinaire** très caractéristique.

Bourgeon apical

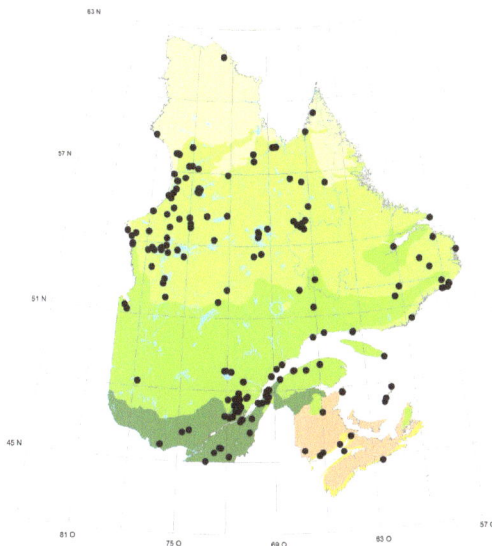

🔬 **Caractères microscopiques**

- **Feuilles caulinaires** et **feuilles raméales** très semblables quant à leur forme et à leur structure.

- **Feuilles caulinaires** ovées à lingulées; apex largement arrondi; hyalocystes nettement fibrilleux au moins dans la partie apicale de la feuille, avec ou sans pores.

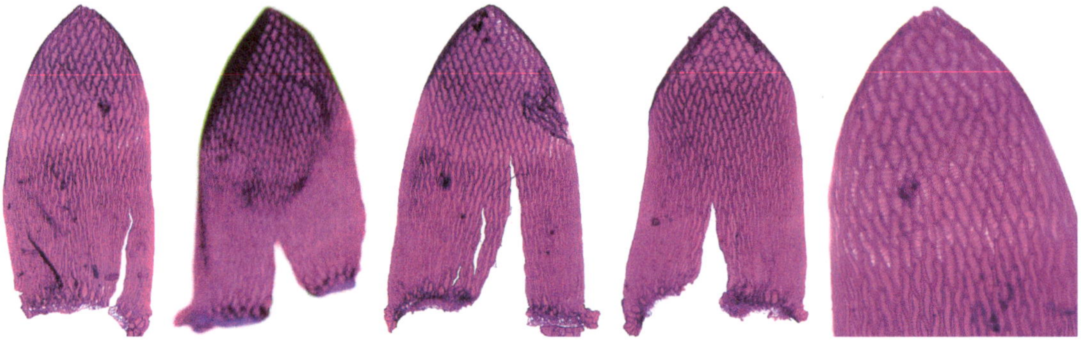

Feuilles caulinaires

- **Feuilles raméales** semblables aux feuilles caulinaires quant à leur forme et à leur structure; apex pouvant sembler plus ou moins aigu du fait des marges involutées.

Feuilles raméales

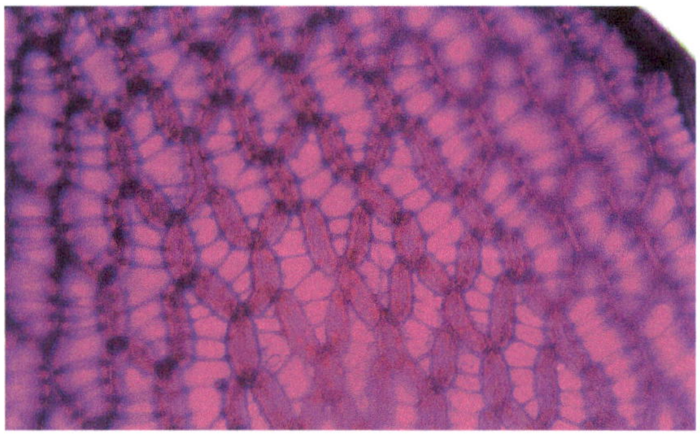

face convexe

Note : *Sphagnum tenellum* est la seule espèce du sous-genre *Cuspidata* à avoir des feuilles caulinaires et raméales qui se ressemblent.

Biotope

- Croît en petites colonies au ras du sol.

Habitat

- Dans les dépressions inondées des tourbières ombrotrophes et faiblement minérotrophes; aussi en bordure de mares ou de résurgences d'eau.

Caractères de terrain (macroscopiques)

- Petite **plante** délicate, vert pâle et d'aspect soyeux, ayant des **tiges** courtes et fragiles.

- **Feuilles raméales** et **caulinaires** similaires en taille et en forme : ovées et concaves.

- Le bout des **rameaux** a habituellement 2 feuilles qui forment une pince; ainsi, les rameaux n'ont pas une terminaison aussi pointue que celle des autres espèces. Cette caractéristique se voit mieux lorsqu'on courbe la tige.

- **Capitula** petits, produisant beaucoup de sporophytes.

Individus prélevés et déposés sur le dessus de la colonie

 Caractères microscopiques

- **Feuilles raméales** ovées-lancéolées à lancéolées, longues de 3,0 à 5,5 mm;
    - **face convexe** à hyalocystes avec 0-1 pore;
    - **face concave** à hyalocystes avec des pseudopores ronds à l'apex cellulaire et aux angles.

Feuilles raméales

face convexe   face concave

- **Feuilles caulinaires** triangulaires, longues de 1,0 à 1,7 mm; apex aigu à légèrement obtus ou faiblement érodé; hyalocystes avec des fibrilles.

Biotope

- Espèce franchement aquatique, submergée; forme des colonies souvent flottantes.

Habitat

- Tourbières faiblement minérotrophes. Le plus souvent, cette sphaigne flotte sous la surface de l'eau.

Caractères de terrain (macroscopiques)

- **Plante** de très grande taille, robuste, vert foncé ou brune, raide, avec de longs **rameaux** étalés semblant épineux-plumeux.

- **Bourgeon apical** plutôt proéminent.

- Grande **tige** submergée : une de nos plus grandes sphaignes.

Spécimens séchés

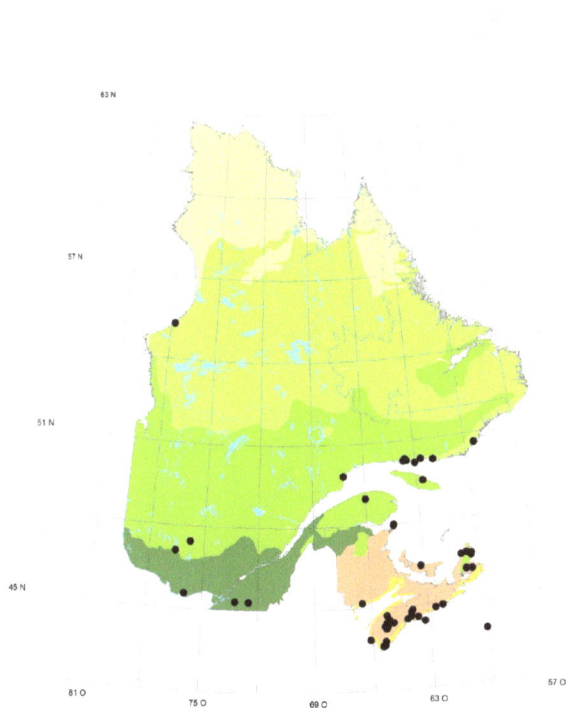

Port aquatique

S. angustifolium

S. annulatum

S. balticum

S. cuspidatum

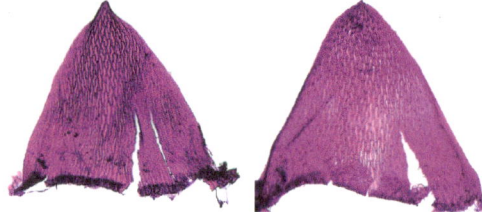

S. fallax

S. flexuosum

S. isoviitae

S. jensenii

S. lenense

S. lindbergii

S. majus

S. obtusum

S. pulchrum

S. recurvum

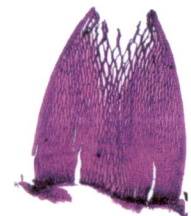

S. riparium

S. tenellum

S. torreyanum

4

Sous-genre *Subsecunda*

Attention : *Sphagnum cyclophyllum* Sullivant est présent sur le territoire couvert par ce guide (Nouvelle-Écosse). Voir une description à la fin du sous-genre *Subsecunda* (p. 140). Pour une description complète, l'utilisateur devrait consulter Flora of North America Editorial Committee (2007 : vol. 27, p. 80).

Caractères microscopiques

- **Feuilles raméales** (coupe transversale) à cellules chlorophylliennes en forme de petits tonneaux à flancs bombés, parfois avec une extrémité plus large que l'autre.

- **Feuilles raméales** (entières, vues à plat) à chlorocystes avec de très nombreux pores alignés comme les grains d'un collier de perles (en rangées continues) le long de la ligne de contact avec les chlorocystes (commissures), le plus souvent 2 pores par espace interfibrillaire, plus rarement 3 à 6 pores, dont certains libres des commissures (exception : voir *Sphagnum pylaesii*).

Caractères de terrain (macroscopiques)

- Plantes souvent teintées de jaune-orange.
- Les rameaux courts du capitulum sont nettement recourbés chez la plupart des espèces.
- L'extrémité des rameaux divergents est à tendance falciforme.
- Les feuilles raméales sont ovées et à large apex.

Clé des espèces

1. **Capitulum** très peu développé, constitué presque uniquement par le bourgeon apical; **rameaux** en fascicules irréguliers de 1-2, lâchement disposés autour de la tige ou **tige** parfois sans rameaux **2**

Sphagnum pylaesii   *Sphagnum platyphyllum*

1. **Capitulum** bien développé, constitué d'un bourgeon apical plus ou moins visible, entouré de plusieurs rameaux à divers stades de développement; **rameaux** en fascicules réguliers de 3-5, disposés de façon plus ou moins dense autour de la tige..**4**

2. **Feuilles raméales** (entières, vues à plat) à hyalocystes sans fibrilles.....***Sphagnum macrophyllum***

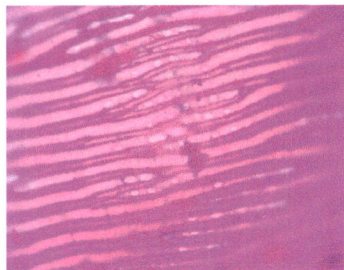

2. **Feuilles raméales** (entières, vues à plat) à hyalocystes avec des fibrilles....................................**3**

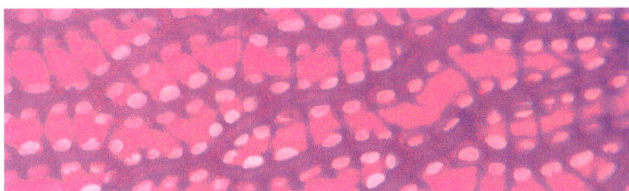

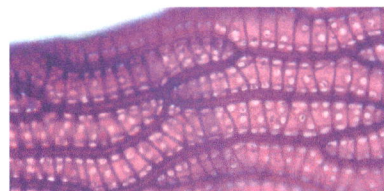

3. **Feuilles raméales** (complètes, vues à plat) de plus de 1,3 mm de longueur; à hyalocystes avec des pores très nombreux, alignés comme les grains d'un collier de perles le long de la ligne de contact avec les chlorocystes; fibrilles non épaissies. Espèce de taille moyenne, répartition générale au Québec...*Sphagnum platyphyllum* (en partie)

3. **Feuilles raméales** (complètes, vues à plat) de moins de 1,3 mm de longueur; à hyalocystes à paroi plissée (face concave), sans aucun pore ou avec 1 à 6 lacunes pariétales sur quelques cellules près de l'apex de la feuille; fibrilles fortement épaissies. Espèce délicate, de petite taille, de l'est du Québec; semble absente loin à l'intérieur des terres.......................................*Sphagnum pylaesii*

Paroi plissée

Lacune pariétale

4. **Feuilles raméales** (complètes, vues à plat, face convexe) sans pores libres alignés au centre des hyalocystes (2 pores par espace interfibrillaire) **5**

4. **Feuilles raméales** (complètes, vues à plat, face convexe) à hyalocystes avec souvent de 3 à 6 pores par espace interfibrillaire et souvent 1 ou 2 rangées de pores libres alignés au centre de l'hyalocyste...**8**

5. **Tige** (coupe transversale) entourée de 2 à 3 couches de cellules corticales (pour l'ensemble du pourtour) **6**

5. **Tige** (coupe transversale) entourée de 1 couche de cellules corticales (pour l'ensemble du pourtour) **7**

6. **Bourgeon apical** gros, dégagé, proéminent; **feuilles caulinaires** (complètes, vues à plat; > 1,5 mm de long) largement ovées; **fascicules** sans rameau pendant, ou rarement 1; **hyalocystes** fibrilleux sur toute la longueur de la feuille ou presque.........................***Sphagnum platyphyllum*** (en partie)

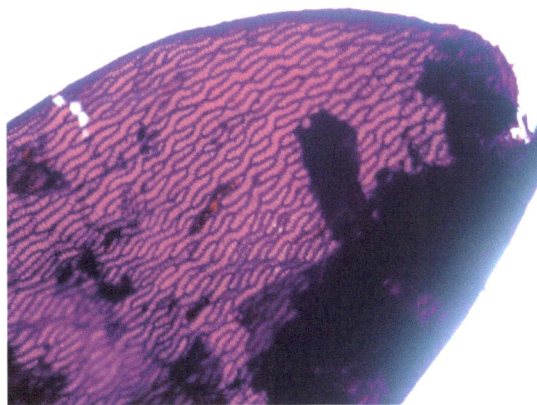

6. **Bourgeon apical**, si visible, plus petit; **feuilles caulinaires** (complètes, vues à plat; de 0,7 à 1,3 mm de long) lingulées; **fascicules** avec généralement 1 rameau pendant ou plus; **hyalocystes** fibrilleux dans la partie apicale de la feuille seulement.................................***Sphagnum contortum***

Feuille caulinaire

Apex

Fascicule de rameaux

7. **Feuilles caulinaires** (complètes, vues à plat) longues de 0,8 mm ou plus; **hyalocystes** fibrilleux et poreux dans le 1/4-1/2 supérieur de la feuille ou parfois sur les 3/4 de sa longueur; feuilles nettement plus longues que larges... ***Sphagnum lescurii***

Feuilles caulinaires

7. **Feuilles caulinaires** (complètes, vues à plat) longues de 0,8 mm ou moins; **hyalocystes** fibrilleux et poreux dans la partie apicale de la feuille ou rarement sur plus du 1/4 de sa longueur; feuilles à peine plus longues que dans la partie la plus large. .... ***Sphagnum subsecundum***

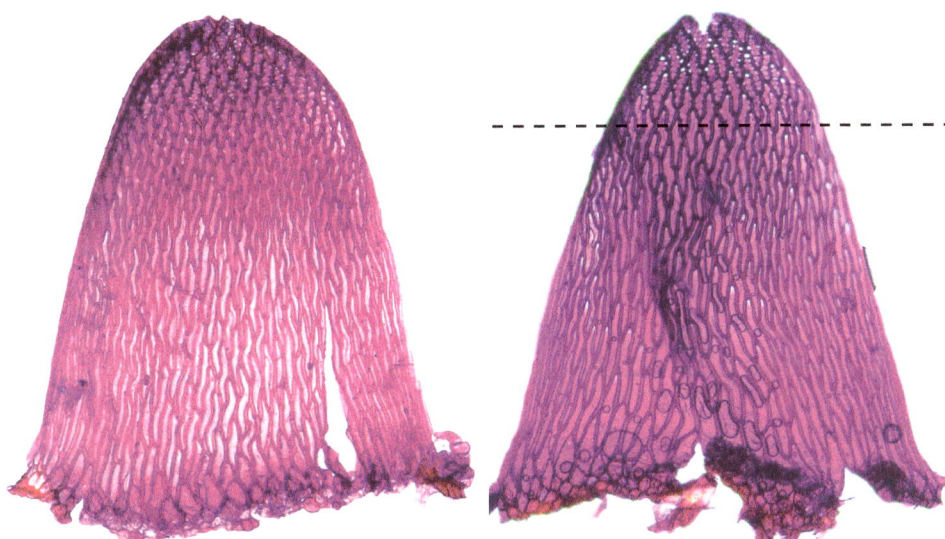

Feuilles caulinaires

8. **Feuilles raméales** (complètes, vues à plat, face convexe) à hyalocystes avec de nombreux et minuscules pores alignés comme les grains d'un collier de perles le long de la zone de contact avec les chlorocystes, et parfois avec quelques pores libres des commissures (observables surtout près de la marge du tiers inférieur) .... ***Sphagnum orientale***

Feuille raméale

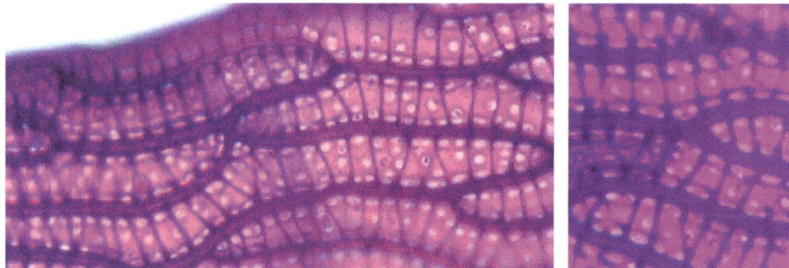

face convexe

8. **Feuilles raméales** (complètes, vues à plat, face convexe) à hyalocystes avec de nombreux pores alignés comme les grains d'un collier de perles le long de la zone de contact avec les chlorocystes et 1 ou 2 rangées de pores alignés au centre de la cellule (observables surtout près de la marge du tiers inférieur) .... ***Sphagnum perfoliatum***

Feuille raméale

face convexe

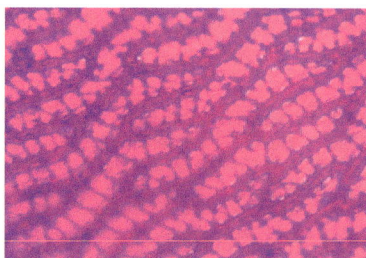
Caractères microscopiques

- **Tige** (coupe transversale) entourée de 2 ou 3 couches de cellules corticales; de couleur foncée au moins dans sa partie basale.

Tige (c. t.)

- **Feuilles caulinaires** oblongues-deltoïdes, longues de 0,7 à 1,4 mm, concaves à l'apex; apex arrondi-obtus et faiblement denticulé; **hyalocystes** avec des fibrilles dans la partie apicale de la feuille ou sur une bonne partie de sa longueur et, si avec pores, alors avec moins de pores sur la **face convexe** (1 ou 2) que sur la **face concave** (3 à 6).

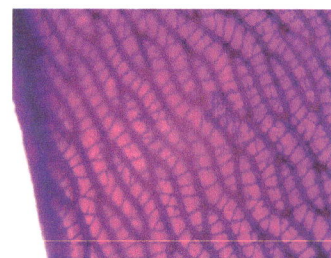

| Feuille caulinaire | face convexe | face concave |

- Les **feuilles raméales** ne comportent pas de caractéristiques diagnostiques utiles autres que celles présentées précédemment.

Feuille raméale

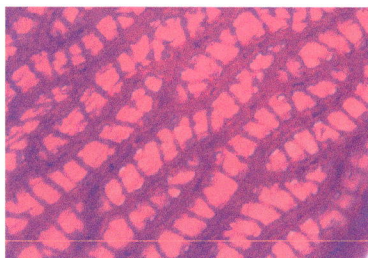

face convexe : nombreux pores

face concave : peu de pores

⊗◯ Différences entre les espèces semblables

- Les feuilles caulinaires de *Sphagnum contortum* sont plus petites que celles de *S. platyphyllum*, mais plus grandes que celles de *S. subsecundum*.
- Les rameaux du capitulum de *S. contortum* sont courbés, comparativement à ceux de *S. platyphyllum*.

Biotope

- Platières humides.

Habitat

- Espèce de milieux très minérotrophes et intolérante à l'ombre. Milieux riverains. Fens riches. Espèce largement répandue au Québec (grande aire de répartition), mais qui n'occupe jamais de grandes étendues dans son habitat.

🔍 Caractères de terrain (macroscopiques)

- Mousse verte ou jaunâtre à brun foncé ou noirâtre.
- Toutes les **feuilles raméales** sont « peignées » dans la même direction de courbure que les rameaux.
- Les **feuilles raméales** ont tendance à être secondes seulement d'un côté.
- **Feuilles caulinaires** beaucoup plus courtes que les **feuilles raméales**.

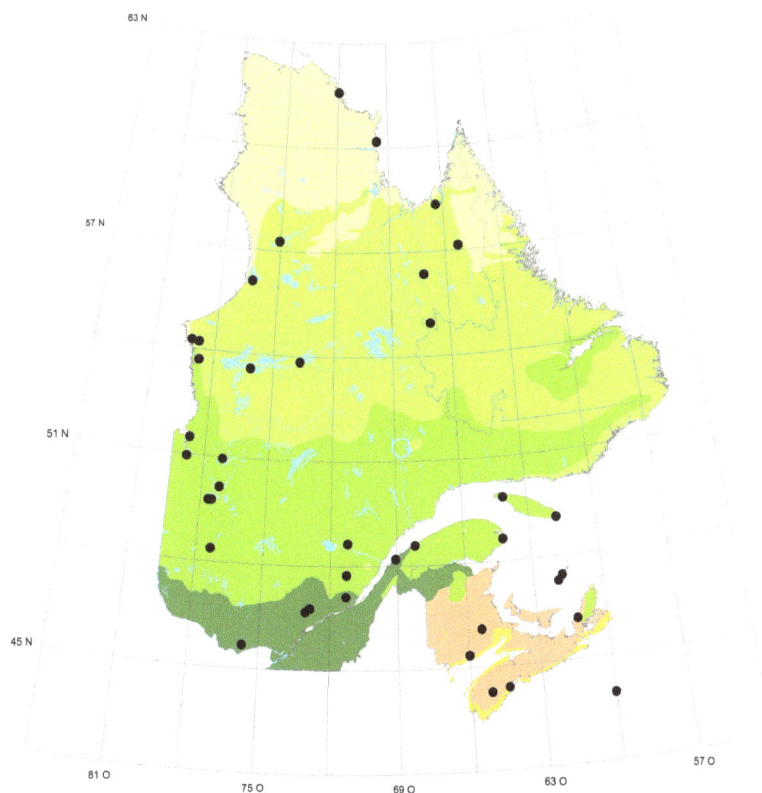

Note : Selon K. I. Flatberg (comm. pers.), il est opportun de placer ici quelques taxons ayant des caractéristiques qui se chevauchent. Selon ce dernier, *Sphagnum lescurii* (au sens large) comporte sans doute quelques espèces dont la description reste à venir.

🔬 Caractères microscopiques

- **Tige** (coupe transversale) entourée de 1 couche de cellules corticales.

Tige (c. t.)

- **Feuilles caulinaires** lingulées à ovées-lingulées, nettement plus longues que larges, longues de 1,3 à 2,0 mm, apex tronqué à arrondi, habituellement denticulé; **hyalocystes** souvent septés, typiquement avec des fibrilles sur la moitié de la longueur de la feuille ou plus;
    - **face convexe** à hyalocystes avec de 4 à 12 pores ou plus par cellule le long de la ligne de contact avec les chlorocystes;
    - **face concave** à hyalocystes avec moins de pores que sur la face convexe ou sans aucun pore.

Feuilles caulinaires   face convexe   face concave

- **Feuilles raméales :**
    - **face convexe** à hyalocystes avec de très nombreux pores, ceux-ci alignés comme les grains d'un collier de perles le long de la ligne de contact avec les chlorocystes;
    - **face concave** à hyalocystes sans aucun pore ou à pores beaucoup moins nombreux que sur la face convexe.

Feuilles raméales   face convexe   face concave

◍◯ Différences entre les espèces semblables

- *Sphagnum lescurii* est habituellement plus foncé que *S. platyphyllum*.

- *Sphagnum lescurii* a des feuilles planes, érigées-apprimées à la tige, alors que celles de *S. platy-phyllum* sont plus cucullées et saillantes.

- Le capitulum de *Sphagnum lescurii* est plus développé que celui de *S. platyphyllum*, mais comparable à celui de *S. subsecundum*.

Biotope

- Tapis humides.

Habitat

- Espèce de milieux faiblement minérotrophes. Au Québec, elle a été trouvée dans des saulaies à la marge d'étangs ou de ruisseaux.

🔍 Caractères de terrain (macroscopiques)

- **Plante** souvent d'un vert brillant, comme les algues marines.

- Grande plasticité morphologique selon les conditions de croissance.

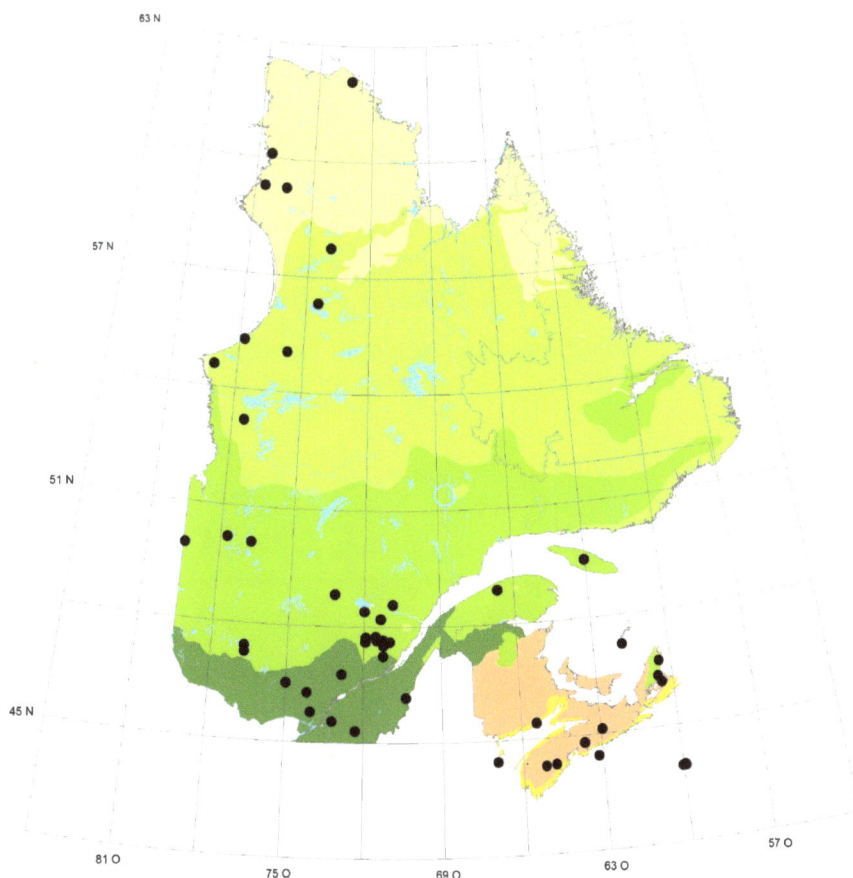

> **Attention :** Absent du Québec; à rechercher sur le territoire québécois puisqu'il a été trouvé en Nouvelle-Écosse, à l'Île-du-Prince-Édouard et sur l'île de Terre-Neuve.

Caractères microscopiques

- **Feuilles raméales** (entières, vues à plat) longues souvent de plus de 4-5 mm, apex fortement involuté formant un tube; **hyalocystes** sans fibrilles.

- **Feuilles caulinaires** longues d'un peu plus de 1 mm, beaucoup plus courtes que les feuilles raméales, plus ou moins triangulaires avec un apex arrondi souvent érodé; **hyalocystes** sans fibrilles.

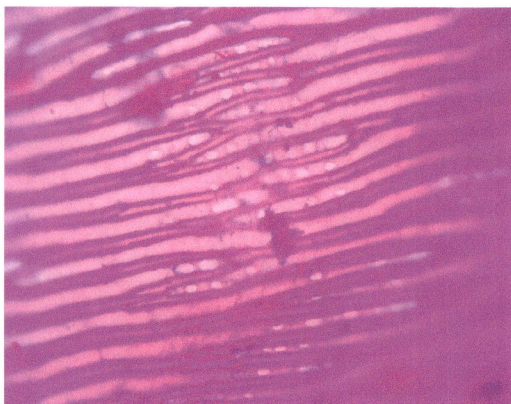

Biotope

- Souvent dans l'eau (parfois submergé ou en eau peu profonde) ou en bordure de l'eau (étangs, lacs, ruisseaux).

Habitat

- Groupements aquatiques à sphaignes, à *Nymphaea*, à carex, à joncs ou à *Eriocaulon*. Parfois en association avec *Sphagnum torreyanum ou S. pylaesii*.

Caractères de terrain (macroscopiques)

- **Plante** verdâtre à brunâtre à presque noire.

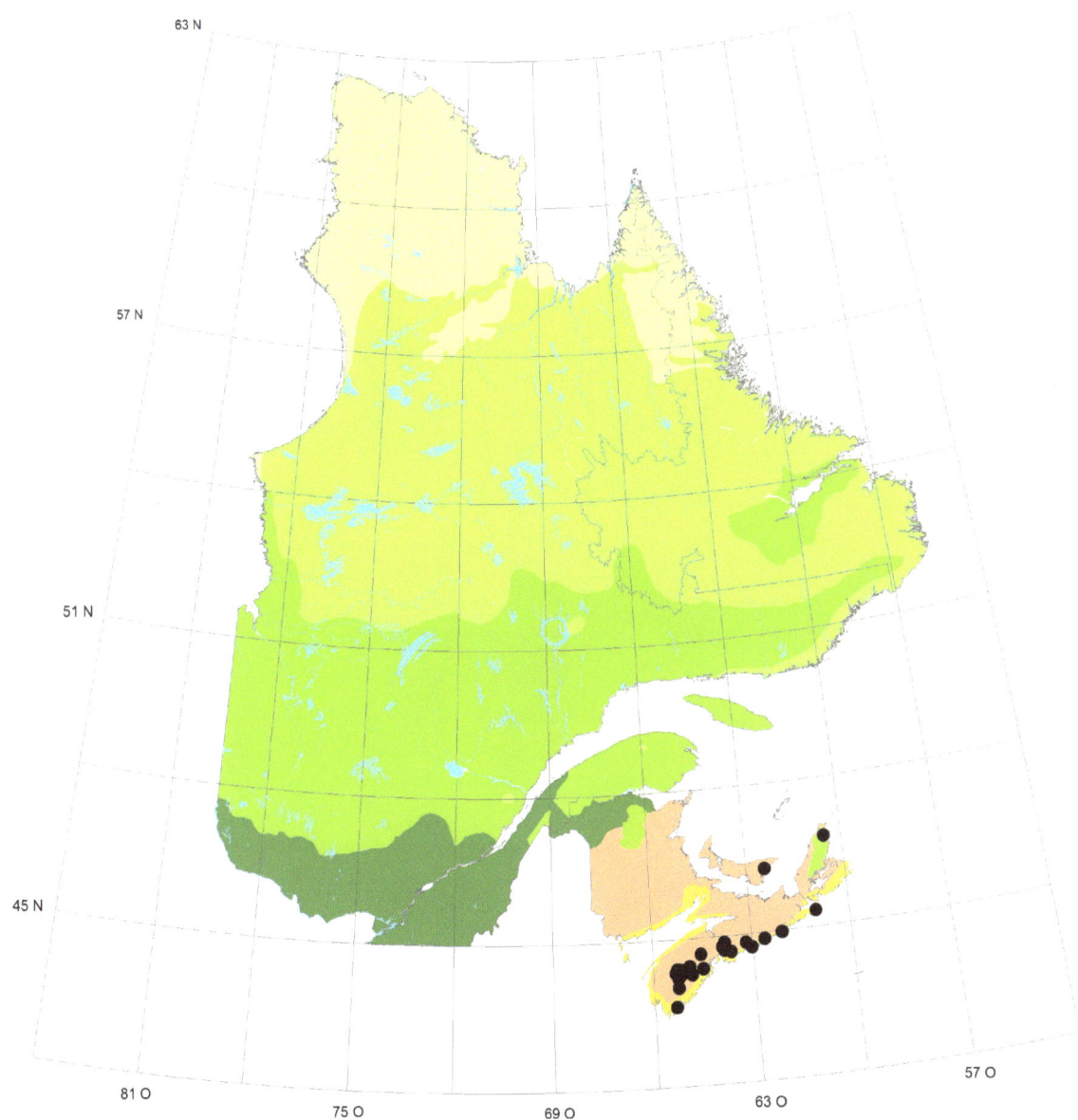

🔬 **Caractères microscopiques**

- **Tige** (coupe transversale) entourée de 1 couche de cellules corticales (parfois 2 couches irrégulières à certains endroits du pourtour de la tige).

- **Feuilles raméales :**

  - **face convexe** à hyalocystes avec de nombreux et minuscules pores alignés comme les grains d'un collier de perles le long de la zone de contact avec les chlorocystes et, parfois, avec quelques pores libres des commissures (observables surtout près de la marge du tiers inférieur); de 3 à 6 pores parfois présents dans l'espace compris entre 2 fibrilles.

- **Feuilles caulinaires** de 0,7 à 0,85 mm de longueur, lingulées, poreuses sur la moitié de la longueur ou moins, à hyalocystes (apex, face convexe) sans pores libres des commissures.

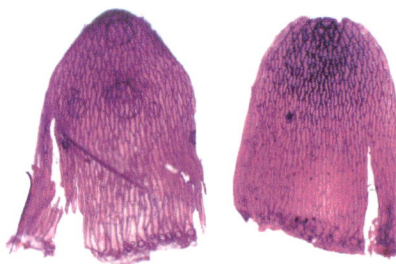

face concave

face convexe

Biotope

- À travers les platières.

Habitat

- Fen arctique topogène. Un seul spécimen connu, récolté par K. I. Flatberg au Nunavik en 2007.

Caractères de terrain (macroscopiques)

- Macroscopiquement, cette espèce est similaire à *Sphagnum subsecundum* et *S. perfoliatum* : un examen microscopique est de rigueur pour les différencier à coup sûr.

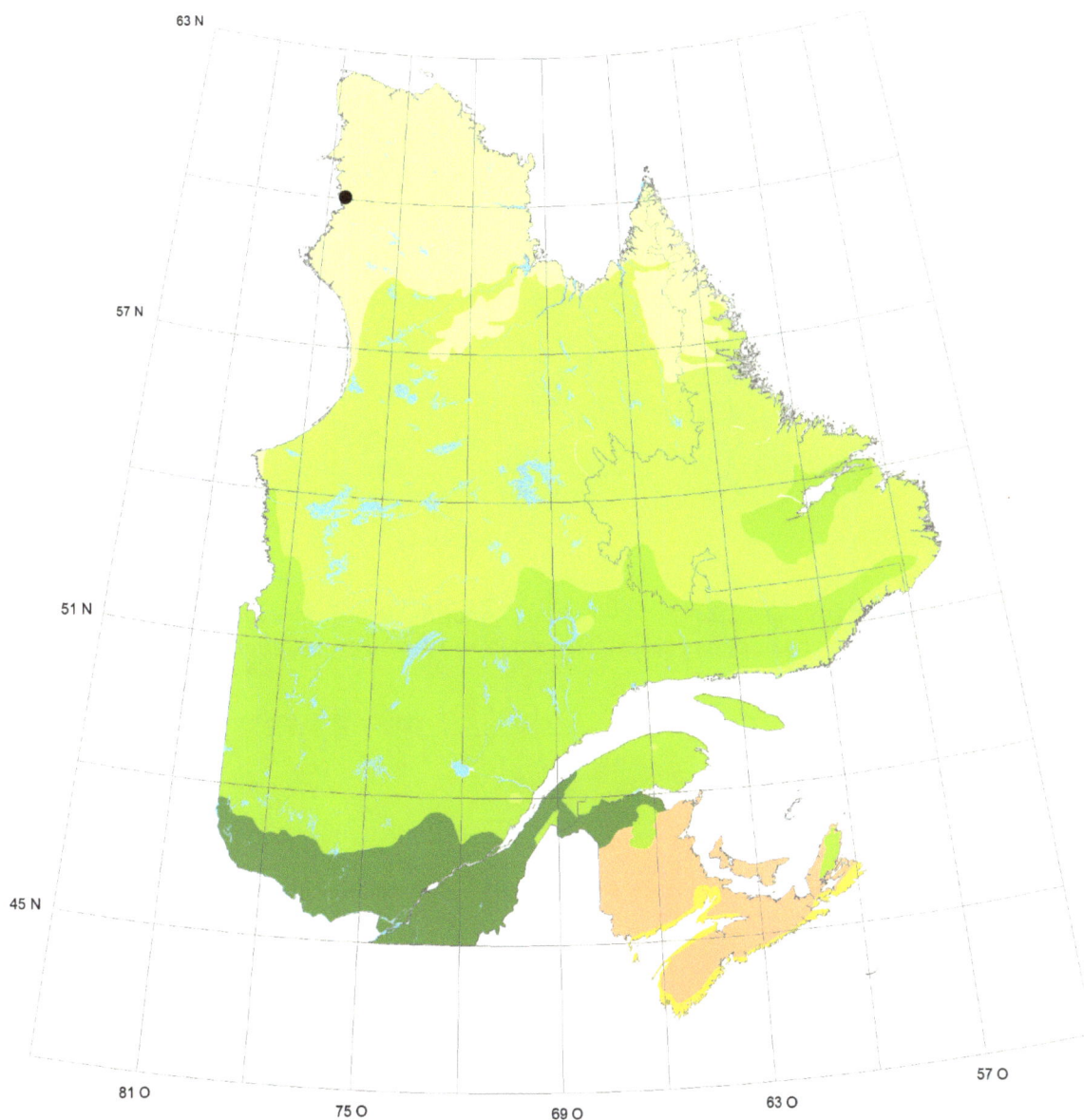

Caractères microscopiques

- **Tige** (coupe transversale) entourée de 1 couche de cellules corticales (parfois 2 couches irrégulières à certains endroits du pourtour de la tige).

Tige (c. t.)

- **Feuilles raméales** longues de 1,1 à 1,75 mm;

    - **face convexe** à hyalocystes avec de nombreux pores alignés comme les grains d'un collier de perles le long de la zone de contact avec les chlorocystes et 1 ou 2 rangées de pores alignés au centre de la cellule (observables surtout près de la marge du tiers inférieur); de 3 à 6 pores souvent présents dans l'espace compris entre 2 fibrilles.

Feuille raméale   face convexe

- **Feuilles caulinaires** de 0,9 à 1,2 mm de longueur, en forme de mitre d'évêque, poreuses sur 2/3 à 3/4 de leur longueur; hyalocystes (apex, face convexe) avec au moins quelques pores libres des commissures.

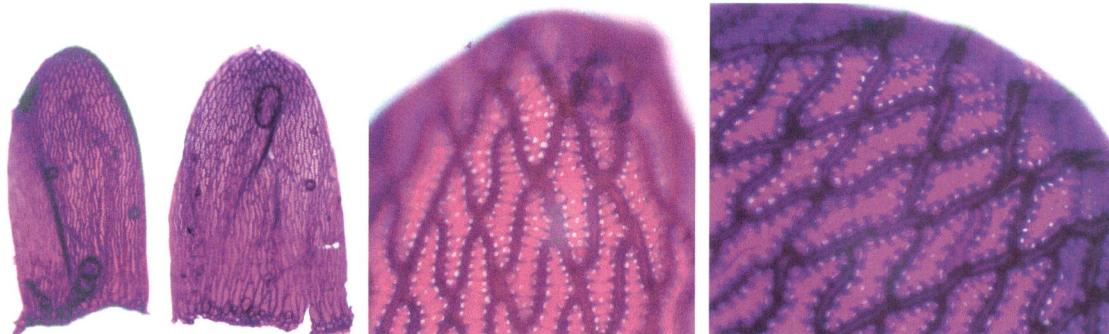

Feuilles caulinaires

🏞️ Biotope

- Dans les cariçaies et les herbaçaies présentant une nappe phréatique près de la surface.

🌱 Habitat

- Fens. Espèce à répartition restreinte et rare au Québec.

🔍 Caractères de terrain (macroscopiques)

- Macroscopiquement, cette espèce est similaire à *Sphagnum subsecundum* et *S. orientale*; un examen microscopique s'impose pour les différencier à coup sûr.

- Comparativement à *S. orientale*, *S. perfoliatum* est souvent de plus grande taille et ses feuilles caulinaires sont concaves et rigidement étalées.

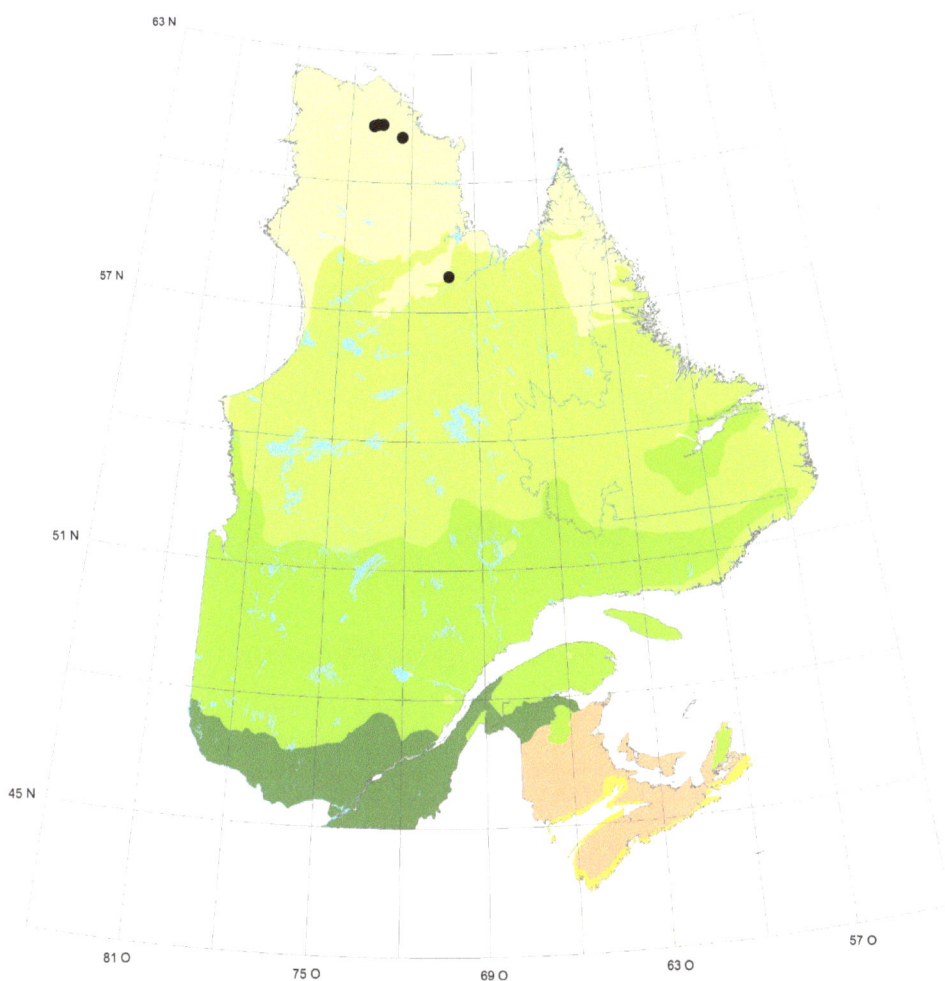

Caractères microscopiques

- **Tige** (coupe transversale) entourée de 2 ou 3 couches de cellules corticales.

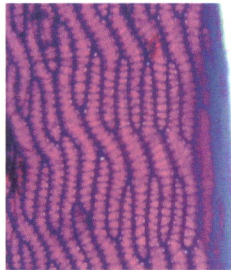

Tige (c. t.)

- **Feuilles caulinaires** largement ovées; **hyalocystes** fibrilleux sur toute la longueur de la feuille ou presque; **fascicules** de 1 à 3 rameaux ou rameaux parfois absents (plante non ramifiée).

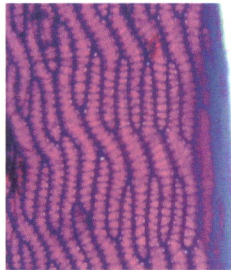

Feuille caulinaire   face convexe   face concave

- **Feuilles raméales** largement ovées, longues de 1,4-2,5(-3) mm; **apex** arrondi; **hyalocystes** organisés comme chez les feuilles caulinaires.

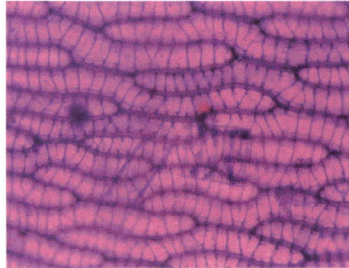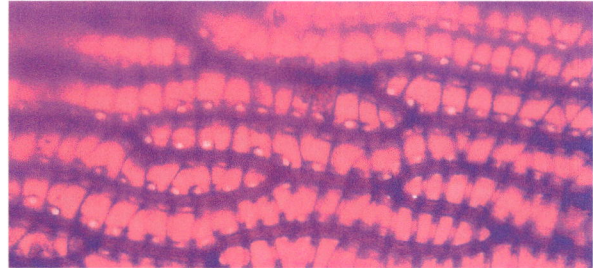

Feuille raméale   face convexe   face concave

Différences entre les espèces semblables

- Le capitulum de *Sphagnum platyphyllum* est moins développé que celui de *S. lescurii*.

- Les feuilles caulinaires de *S. platyphyllum* sont quelque peu cucullées et saillantes de la tige, alors que celles de *S. lescurii* sont planes et érigées contre la tige.

- *S. platyphyllum* est généralement plus pâle que *S. lescurii*.

 Biotope

- Tapis flottants.

 Habitat

- En marge des lacs, des étangs, des ruisseaux et des mares de tourbières en milieux minérotrophes (fens riches). Au Nord, on le retrouve sous les saulaies. Se rencontre sur des fonds boueux lorsque les mares peu profondes s'assèchent.

 Caractères de terrain (macroscopiques)

- Plante fine (molle).
- Le développement du **capitulum** est variable selon les conditions : il va de quasi inexistant (mais toujours avec un bourgeon terminal) à assez développé, mais sans jamais l'être complètement, comme la plupart des autres espèces du sous-genre.
- **Bourgeon apical** volumineux, dégagé et nettement proéminent.
- Les petits **rameaux** du **capitulum** sont aplatis (sur 2 plans).
- De 1 à 3 **rameaux** par faisceau, peu différenciés entre les rameaux divergents et les rameaux pendants, très espacés. Rameaux pendants souvent manquants.
- **Tige** brun pâle.
- Les **feuilles caulinaires** et **raméales** sont de grandeur, de forme et de structure similaires.
- Occasionnellement, il arrive que des spécimens de *Sphagnum platyphyllum* sans aucun rameau soient trouvés au travers des autres spécimens plus ou moins normalement développés avec des rameaux.

Feuille caulinaire

Feuille raméales (spécimens séchés)

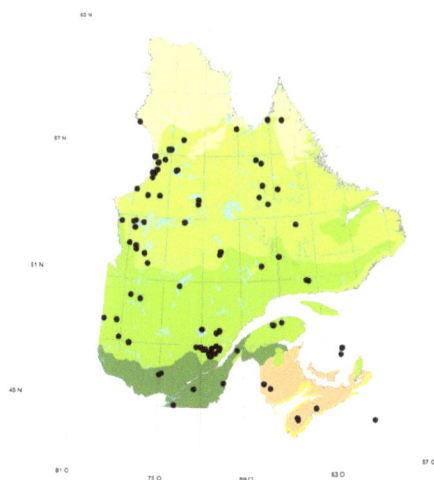

🔬 **Caractères microscopiques**

- **Feuilles caulinaires** largement ovées; **hyalocystes** avec fibrilles nettement épaissies et formant presque un anneau; paroi cellulaire nettement plissée;

  - **face convexe** avec 1 à 6 lacunes pariétales sur quelques cellules situées près de l'apex de la feuille;

  - **face concave**, absence presque complète de pores.

Feuille caulinaire

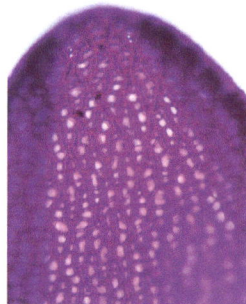

face convexe

face concave

- **Feuilles raméales**, lorsque présentes, similaires aux feuilles caulinaires, mais plus petites.

Feuille raméale

fibrilles épaissies

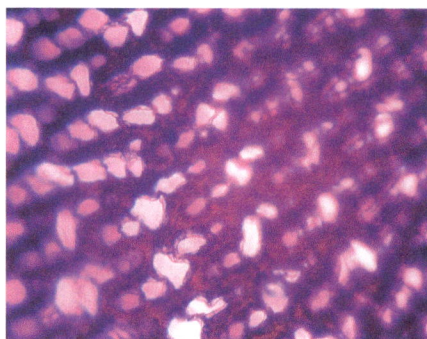

face convexe

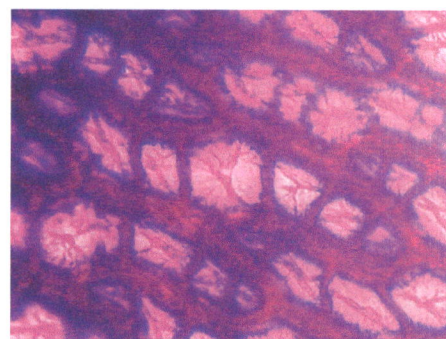

hyalocystes à paroi plissée
(f. concave)

Biotope

- En colonies. Dans les dépressions humides ou en bordure de mares.

Habitat

- Fens pauvres. Sur dépôts organiques minces reposant directement sur le roc. Mares de milieux alpins ou subalpins.

Répartition

- Répartition à tendance côtière maritime (absente loin à l'intérieur des terres ou en toundra).

Caractères de terrain (macroscopiques)

- Petite espèce, frêle, délicate, **rameaux** épars, irrégulièrement distribués sur la **tige** (si présents), atteignent rarement 5 mm de longueur (Ireland 1982).

- **Capitulum** peu développé, voire inexistant; bourgeon terminal gros, dégagé et proéminent.

- **Feuilles raméales** et **caulinaires** similaires macroscopiquement.

- Couleur allant de vert à orangé, brunâtre ou complètement noir.

- Habituellement facilement reconnaissable par son nombre peu élevé de rameaux sur la tige.

Port

Spécimen séché

🔬 **Caractères microscopiques**

- **Tige** (coupe transversale) entourée de 1 couche de cellules corticales.

- **Feuilles caulinaires** triangulaires-lingulées, à peine plus longues que la partie la plus large, longues de 0,5 à 0,8 mm; apex entier ou faiblement denticulé; **hyalocystes** parfois septés, avec fibrilles et pores seulement à l'apex de la feuille.

Tige (c. t.)   Feuilles caulinaires

- **Feuilles raméales** largement ovées, souvent subsecondes;

  - **face convexe** : hyalocystes avec de très nombreux petits pores non annelés (18 à 40 par cellule), alignés comme les grains d'un collier de perles le long de la zone de contact avec les chlorocystes;

  - **face concave** sans aucun pore ou pores moins nombreux que sur la face convexe.

Feuilles raméales

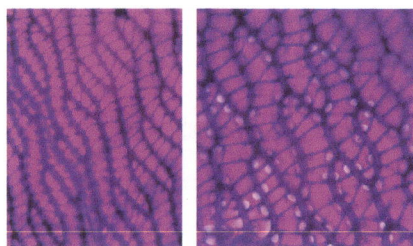

face convexe

face concave

 Biotope

- Sphaignes flottantes dans les mares de tourbières ou en coussins lâches.

 Habitat

- Tourbières modérément riches. Se trouve parfois dans les aulnaies et les saulaies. Espèce la plus commune du sous-genre *Subsecunda*.

 Caractères de terrain (macroscopiques)

- **Plante** de petite taille, brun doré, avec une tige foncée.
- Les courts **rameaux** du **capitulum** sont courbes autour du bourgeon apical.
- **Feuilles caulinaires** très petites, plus courtes que les **feuilles raméales**.

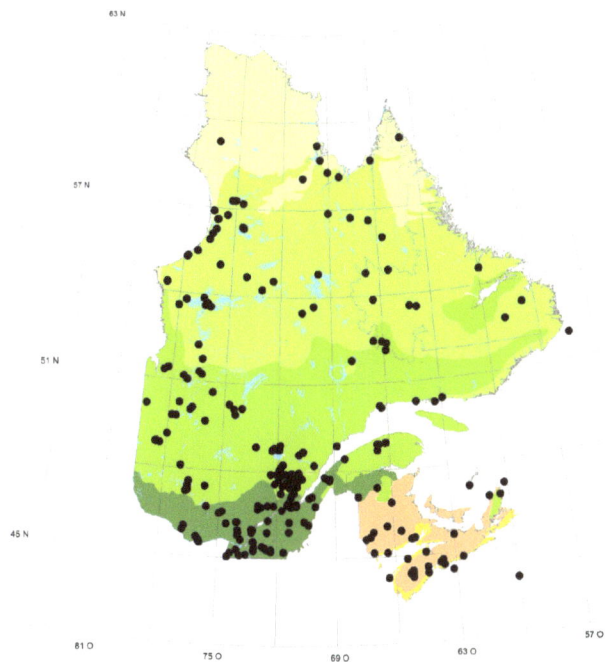

Sphagnum cyclophyllum Sullivant

> **Attention :** *Sphagnum cyclophyllum* Sullivant, du sous-genre *Subsecunda*, est présent sur le territoire couvert par ce guide, soit en Nouvelle-Écosse. Pour une description complète, l'utilisateur devrait consulter Flora of North America Editorial Committee (2007 : vol. 27, p. 80).

🔍 Caractères de terrain (macroscopiques)

- **Tige** très peu ou pas ramifiée.
- **Capitulum** constitué presque exclusivement d'un gros bourgeon apical nettement évident.

🔬 Caractères microscopiques

- **Tige** (coupe transversale) entourée de 1 (très rarement 2) couche de cellules corticales.

⊗◯ Différences entre les espèces semblables

- *Sphagnum cyclophyllum* ressemble beaucoup à *S. platyphyllum* lorsque ce dernier est très peu ramifié et que son capitulum est constitué presque uniquement d'un gros bourgeon apical.
- Alors que la tige (coupe transversale) de *S. cyclophyllum* présente 1 seule (très rarement 2) couche de cellules corticales, celle de *S. platyphyllum* présente 2-3 couches de cellules corticales.

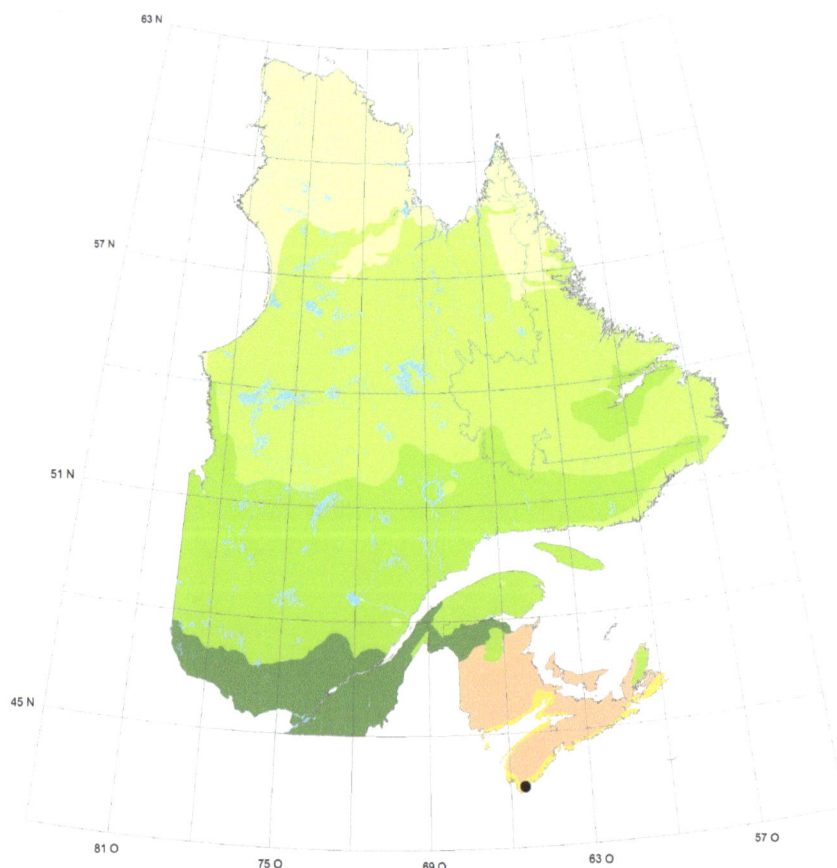

Sphagnum subsecundum (petite sphaigne) et *Sphagnum papillosum* (grosse sphaigne)

5

Sous-genre *Squarrosa*

🔬 Caractères microscopiques

- **Feuilles caulinaires** lingulées à lingulées-ovées; apex largement arrondi, arrondi-obtus à obtus-tronqué et souvent quelque peu frangé; **hyalocystes** sans fibrilles, sans pores, presque toujours non septés.

> **Note :** Deux espèces du sous-genre *Acutifolia*, soit *Sphagnum arcticum* et une forme atypique de *Sphagnum girgensohnii*, ont des feuilles caulinaires de forme semblable à celles des quatre espèces du sous-genre *Squarrosa*.

🔬 Caractères microscopiques secondaires

- **Feuilles raméales** (vues à plat, tiers inférieur) à hyalocystes à pores très nombreux et occupant plus de 10 % de la surface totale (concave et convexe); souvent nettement squarreuses.

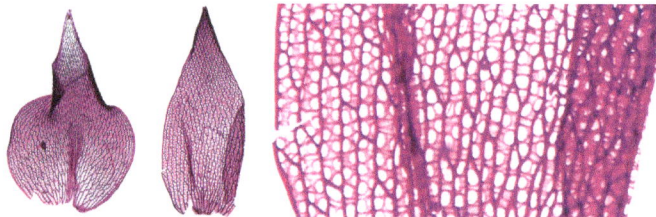

🔍 Caractères de terrain (macroscopiques)

- **Feuilles raméales** allant de droites à nettement squarreuses (brusquement pliées ou coudées presque à angle droit vers l'arrière à leur extrémité distale).

Clé des espèces

1. **Feuilles raméales** (complètes, vues à plat) nettement tronquées; espèce à répartition nordique ....***Sphagnum tundrae***

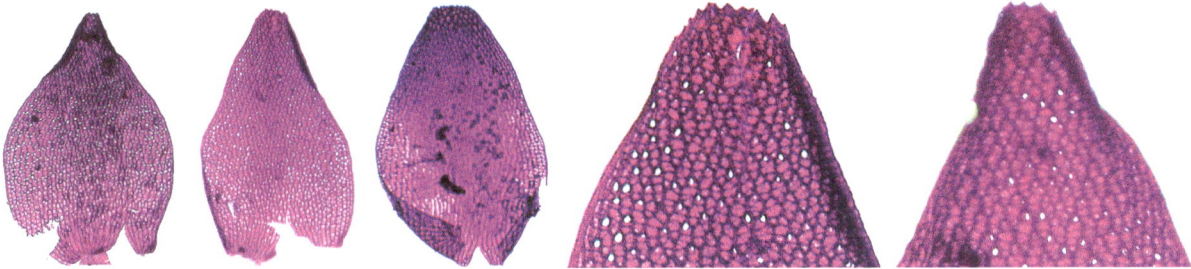

1. **Feuilles raméales** (complètes, vues à plat) pointues ou à marges apicales involutées, non nettement tronquées; espèces à répartition diverse..**2**

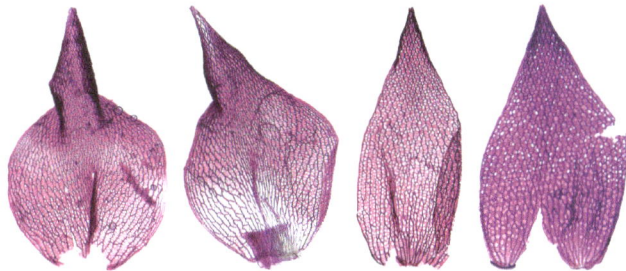

2. **Feuilles raméales** (complètes, vues à plat) fortement squarreuses, longues de 1,7 mm ou plus; plante vert pâle, à répartition générale..***Sphagnum squarrosum***

Port (avec bourgeon apical distinct)

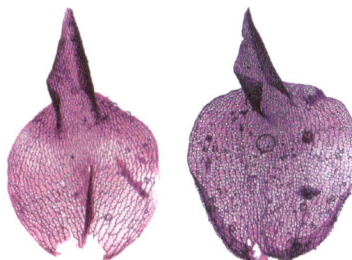

Rameaux   Feuilles raméales

2. **Feuilles raméales** (complètes, vues à plat) imbriquées (squarreuses chez les formes croissant à l'ombre), longues de 1,6 mm ou moins; plante verte et/ou brune...**3**

Port (avec bourgeon apical proéminent)

Rameaux

Feuilles raméales

3. **Fascicules** la plupart composés de 2 rameaux divergents et de 1 ou 2 rameaux pendants; **feuilles raméales** (vues à plat, face convexe, **vers le centre de la base**) à hyalocystes sans gros pore apical (laissant ainsi apparaître une large plage de cellules sans pore) et chlorocystes à paroi couverte de papilles; espèce à répartition nordique ....***Sphagnum mirum***

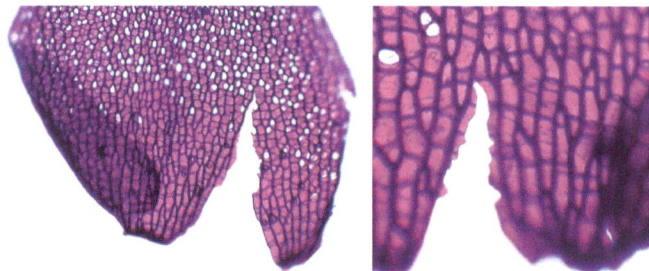

Feuille raméale (partie basale)

3. **Fascicules** la plupart composés de 2 rameaux divergents et de 2 ou 3 rameaux pendants; **feuilles raméales** (vues à plat, face convexe, **vers le centre de la base**) à hyalocystes avec un gros pore apical (absence d'une large plage de cellules sans pore) et chlorocystes à paroi sans papilles; espèce à répartition générale...***Sphagnum teres***

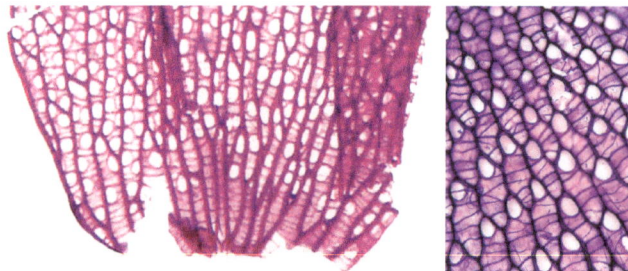

Feuille raméale (partie basale)

Sphagnum squarrosum

Caractères microscopiques

- **Feuilles caulinaires** longues de 1,1 à 1,7 mm, lingulées; apex largement arrondi, arrondi-obtus à obtus-tronqué et souvent quelque peu frangé; **hyalocystes** du tiers distal en forme de « S » large à « S-rhombique », sans fibrilles, sans pores.

- **Feuilles raméales** longues de 1,0 à 1,4 mm, largement ovées-lancéolées à ovées; **hyalocystes** à parois souvent nettement couvertes de papilles; (vues à plat, face convexe, vers le centre de la base) **hyalocystes** sans gros pore apical (laissant ainsi apparaître une large plage de cellules sans pore (vs. *Sphagnum teres*) et à parois couvertes de papilles.

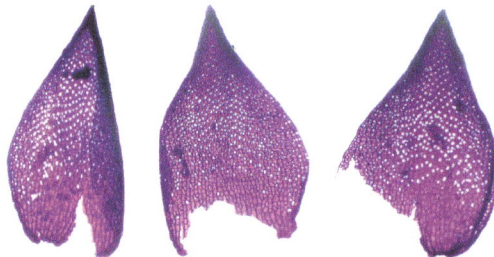

Feuilles raméales

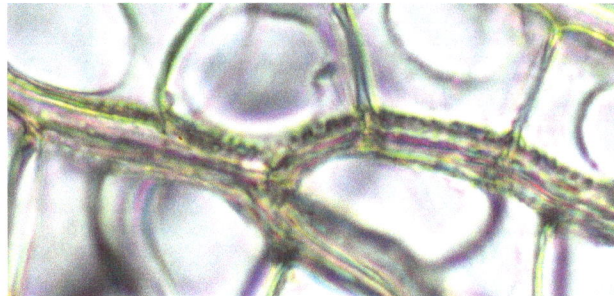

Papilles sur les parois des chlorocystes
(ces papilles sont plus facilement observables sans coloration et en fermant le diaphragme de la source lumineuse)

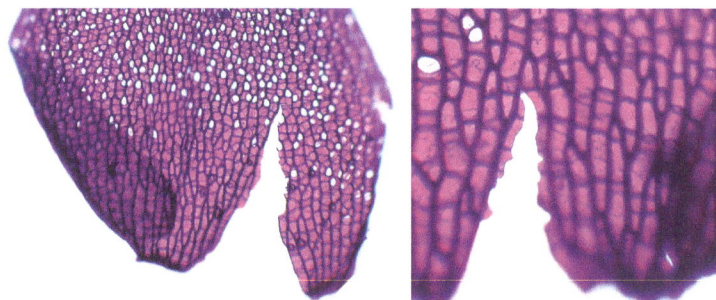

Base de feuilles raméales

⊗○ Différences entre les espèces semblables

- Les fascicules de *Sphagnum mirum* sont pour la plupart composés de 2 rameaux divergents et de 1 ou 2 rameaux pendants, comparativement à *S. teres* qui a 2 rameaux divergents et 2 ou 3 rameaux pendants.

Biotope

- À travers les platières.

Habitat

- Fen arctique topogène.

Répartition

- Nordique et rare.

🔍 Caractères de terrain (macroscopiques)

- **Bourgeon apical** nettement proéminent.

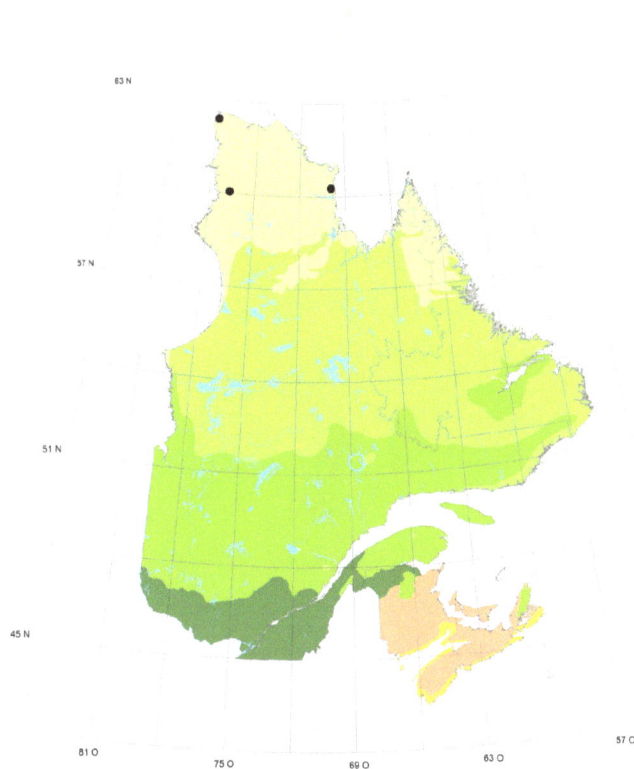

Caractères microscopiques

- **Feuilles raméales** longues de 1,9 à 3,0 mm, plus longues que les feuilles caulinaires, nettement squarreuses et abruptement rétrécies à 1/2-1/3 de la distance de l'apex en un acumen involuté, souvent cylindrique chez les formes alpines ou de toundra; hyalocystes presque tous avec un énorme pore distal remplissant complètement l'espace interfibrillaire.

Feuilles raméales

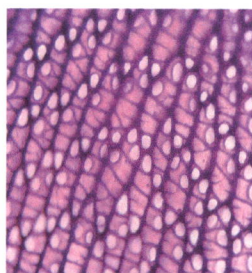

face convexe

- **Feuilles caulinaires** longues de 1,6 à 1,8 mm, habituellement plus courtes que les feuilles raméales, lingulées à lingulées-ovées; **hyalocystes** la plupart non septés, sans fibrilles ni pores.

Feuilles caulinaires

Différences entre les espèces semblables

- Dans sa forme typique, *Sphagnum squarrosum* ne se confond avec aucune autre sphaigne; toutefois, rarement (sous certaines conditions), les feuilles raméales peuvent être moins squarreuses. Ces spécimens pourraient alors être confondus avec un robuste *S. teres* à feuilles raméales parfois légèrement squarreuses.

 Biotope

- Tapis lâches sur sol humide. Dans la toundra, on le rencontre en buttes plus compactes.

 Habitat

- Espèce de milieux minérotrophes. Affectionne les habitats ombragés. Elle est fréquente dans les habitats riches comme les cédrières, les sapinières, les pessières, les mélézins, les aulnaies, les bétulaies, les érablières et les saulaies; spécialement dans les endroits occasionnellement inondés. Sous couvert arbustif dans les fens modérément riches. Milieux riverains comme en bordure de ruisseaux. En toundra : habitats ouverts.

 Caractères de terrain (macroscopiques)

- Apparence épineuse-squarreuse des **feuilles raméales**.

- Mousse robuste, vert pâle à vert-bleuâtre avec un **bourgeon apical** volumineux et bien visible.

Spécimens sur le terrain

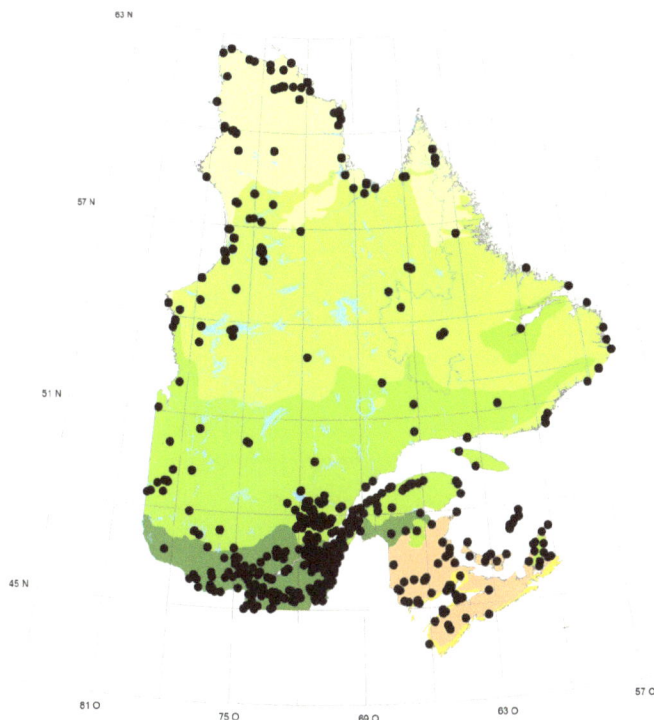

🔬 **Caractères microscopiques**

- **Feuilles raméales** longues de 1,0 à 1,6 mm, ovées à ovées-lancéolées, graduellement rétrécies en une pointe involutée; **chlorocystes**, en coupe transversale, ovés-triangulaires avec la partie la plus large du côté de la face convexe; (vues à plat, face convexe, vers le centre de la base) **hyalocystes** avec un gros pore apical (absence d'une large plage de cellules sans pore (vs. *Sphagnum mirum*) et à paroi lisse (=> sans papilles).

Feuille raméale

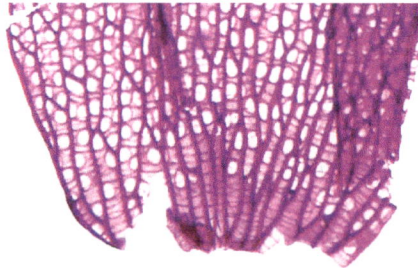

partie basale

- **Feuilles caulinaires** longues de 1,3 à 1,8 mm, souvent plus grandes que les feuilles raméales; lingulées à lingulées-ovées; **hyalocystes** non septés, sans fibrilles, sans pores.

Feuilles caulinaires

◉◯ Différences entre les espèces semblables

- Les fascicules de *Sphagnum teres* sont pour la plupart composés de 2 rameaux divergents et de 2 ou 3 rameaux pendants, comparativement à *S. mirum* qui a 1 ou 2 rameaux pendants.

Biotope

- Tapis épars à denses.

Habitat

- Espèce de milieux fortement minérotrophes; dans les fens riches ouverts à modérément riches et les cédrières marécageuses; moins fréquente dans les forêts humides. Milieux riverains et aulnaies, mais toujours en conditions de substrat plus humide que pour *S. squarrosum*.

🔍 Caractères de terrain (macroscopiques)

- **Bourgeon apical** gros et fortement proéminent.

- **Feuilles raméales** ovées, non concaves, avec un **apex** légèrement recourbé, parfois plus ou moins squarreux principalement à l'état sec.

- **Plante** brune en milieu ouvert et vert pâle à l'ombre, tige toujours colorée.

- Les longues **feuilles caulinaires** se voient bien à l'œil nu en enlevant le **capitulum**.

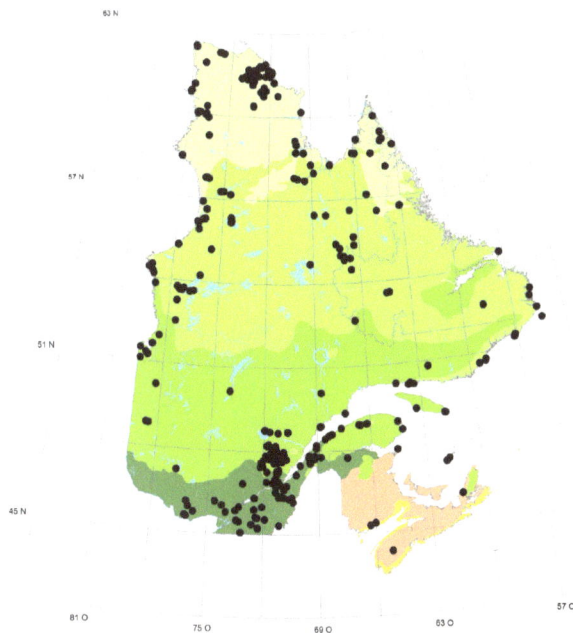

Bourgeon apical

Caractères microscopiques

- **Feuilles raméales** à apex nettement tronqué, longues de 0,9 à 2,0 mm; **chlorocystes** (coupe transversale) elliptiques à elliptiques-ovales.

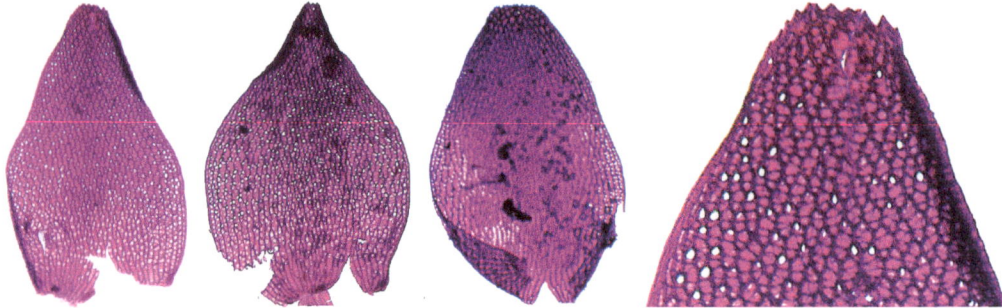

(c. t.)

- **Feuilles caulinaires** plus courtes que les feuilles raméales, longues de 0,8 à 1,6 mm, lingulées, sans fibrilles, sans pores.

Feuilles caulinaires

Biotope

- Forme des coussins et de petites platières.

Habitat

- Tourbières arctiques soligènes faiblement minérotrophes.

Répartition

- Nordique et plutôt rare au Québec.

Caractères de terrain (macroscopiques)

- L'apex des **feuilles raméales** semble avoir été tondu ou scié.

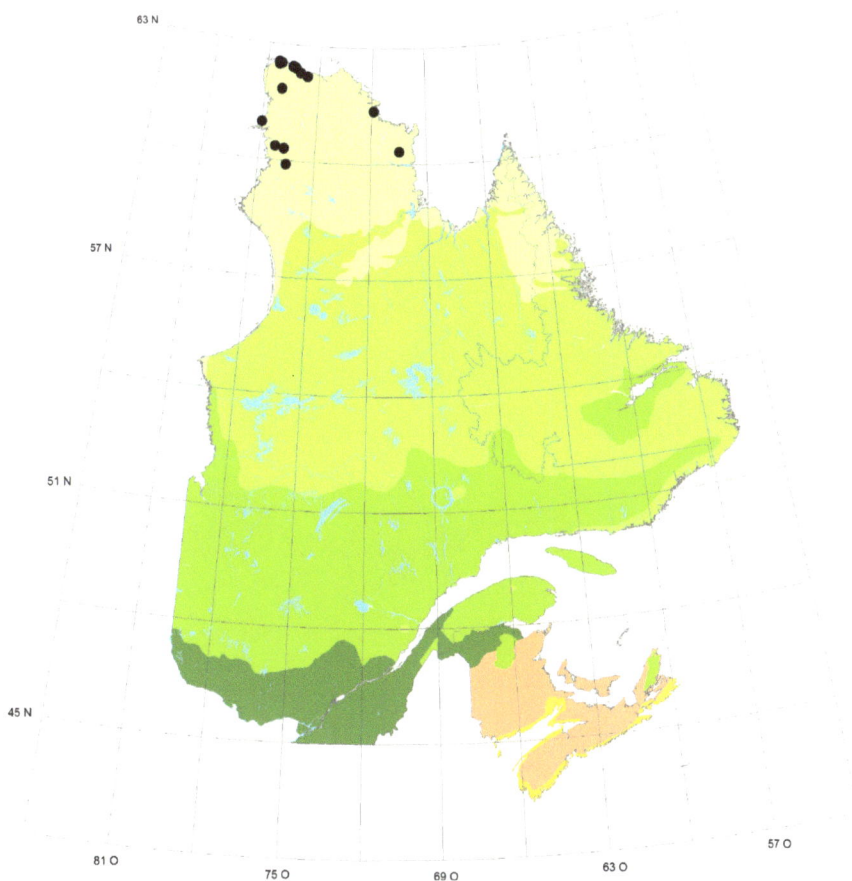

6

Sous-genre *Acutifolia*

Caractères microscopiques

- **Feuilles raméales** (coupe transversale) pour la plupart à chlorocystes triangulaires à trapézoïdaux, base du triangle ou du trapèze située du côté de la face concave (voir note 1).

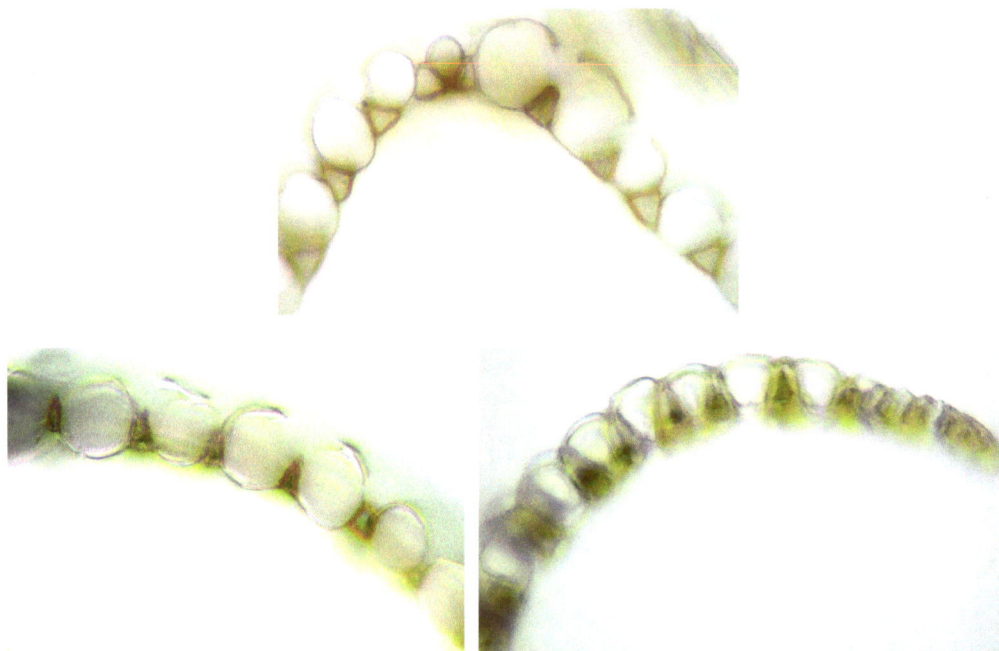

> **Note 1 :** Il faut noter que *Sphagnum aongstroemii* et *S. wulfianum* ne présentent pas cette caractéristique principale du sous-genre *Acutifolia*. Les deux espèces ont des feuilles raméales, en coupe transversale, avec des chlorocystes de forme ovale à largement lenticulaire. De plus, la feuille raméale de *Sphagnum molle*, en coupe transversale, diffère de celles de toutes les autres espèces du sous-genre *Acutifolia* par sa marge creusée d'un sillon de résorption.

Caractères de terrain (macroscopiques)

- Les espèces du sous-genre *Acutifolia* peuvent être vertes, mais c'est dans ce sous-genre que la pigmentation rouge ou brune prédomine (à l'exception notable du complexe *Sphagnum magellanicum* du sous-genre *Sphagnum*). En somme, lorsqu'on récolte des sphaignes rouges ou brunes et que les feuilles raméales ne sont pas grosses et cucullées, on peut suspecter être en présence d'une espèce du sous-genre *Acutifolia*.

> **Note 2 :** Dans ce sous-genre, six espèces dites « **brunes** », sont présentes au Québec : *Sphagnum arcticum*, *S. concinnum*, *S. flavicomans*, *S. fuscum*, *S. olafii* et *S. subfulvum*. Ces dernières possèdent toutes une coloration brune évidente ou ont toutes une tige où le pigment brun est dominant et évident, ou encore observable par une coupe transversale.

> **Note 3 :** *Sphagnum subnitens* Russow & Warnstorf du sous-genre *Acutifolia* n'est présent que sur la côte du Pacifique selon les sphagnologues. À ne pas considérer pour le territoire couvert par le présent guide.

1. **Fascicules** formés de 6 rameaux ou plus (vérifier sur quelques fascicules) ... *Sphagnum wulfianum*

© Tuomo Kuitunen

1. **Fascicules** formés de 5 rameaux ou moins (vérifier sur quelques fascicules) **2**

2. **Fascicules** formés de 3 rameaux divergents (et 1 ou 2 rameaux pendants beaucoup plus fins : décompte non nécessaire); espèces généralement de milieux ombragés (forêts, etc.). **3**

2. **Fascicules** formés de 2 rameaux divergents (et 1, 2 ou 3 rameaux pendants beaucoup plus fins : décompte non nécessaire); espèces généralement de milieux ouverts...**4**

3. **Feuilles caulinaires** triangulaires à triangulaires-lingulées, à apex entier, aigu à obtus, ou légèrement érodé .... ***Sphagnum quinquefarium***

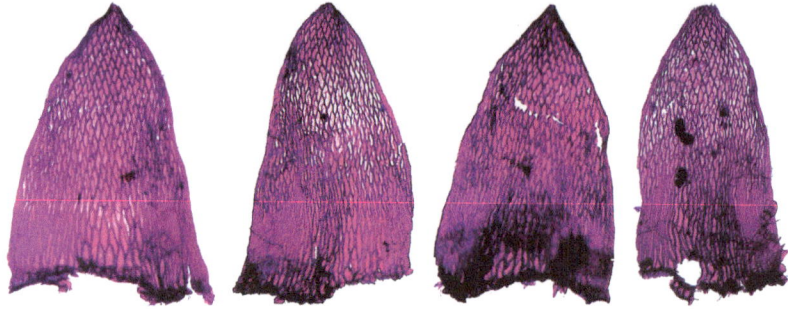

3. **Feuilles caulinaires** largement lingulées à grossièrement quadrangulaires, à apex étroitement à largement tronqué; espèce rare, de milieux forestiers ombragés .... ***Sphagnum rubiginosum***

4. **Feuilles raméales** denticulées le long de la marge près du sommet (de chaque côté de l'apex); espèce rare, de milieux côtiers ouverts ....***Sphagnum molle***

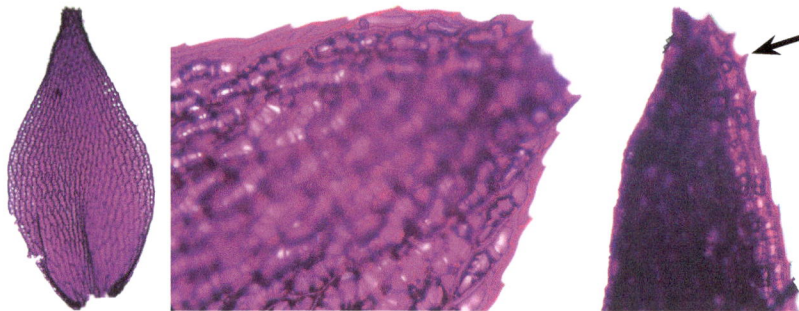

4. **Feuilles raméales** à marge entière près du sommet (de chaque côté de l'apex) **5**

Lisse

5. Spécimen séché présentant un reflet métallique au niveau des rameaux divergents **6**

5. Spécimen séché sans reflet métallique au niveau des rameaux divergents.................................**7**

6. Feuilles caulinaires longues de moins de 1,43 mm .... ***Sphagnum subfulvum*** (en partie)

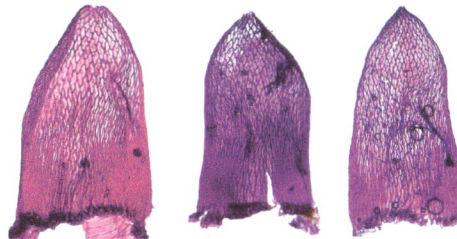

6. Feuilles caulinaires longues de plus de 1,45 mm.......................... ***Sphagnum incundum*** (en partie)

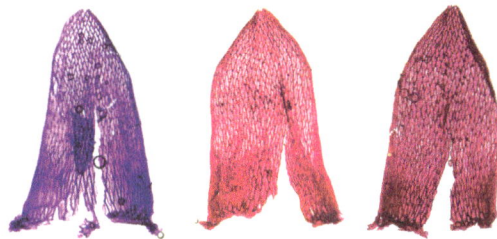

7. **Feuilles raméales** à apex nettement tronqué et au moins 4-denté (dents visibles lorsque bien étalées à plat), observer plusieurs feuilles prélevées au milieu du rameau **8**

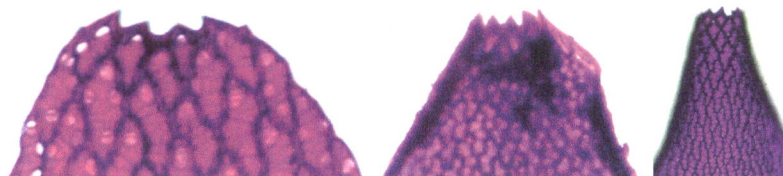

7. **Feuilles raméales** à apex entier ou tout au plus 2-3-denté dû aux marges involutées **10**

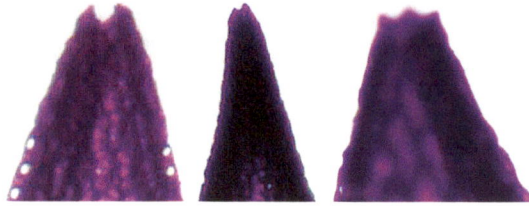

8. **Feuilles raméales** (coupe transversale) à chlorocystes de forme ovale à largement lenticulaire; espèce nordique. ....***Sphagnum aongstroemii***

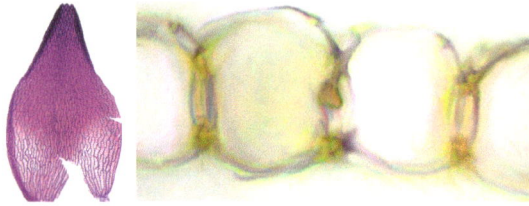

8. **Feuilles raméales** (coupe transversale) à chlorocystes de forme triangulaire ou grossièrement triangulaire; espèces à aires de répartition diverses **9**

9. **Feuilles caulinaires** plus larges près de la base, puis graduellement atténuées vers l'apex ....
....***Sphagnum venustum***

9. **Feuilles caulinaires** plus larges au-dessus du milieu, puis nettement rétrécies vers la base..........
....***Sphagnum angermanicum***

10. **Plante** rouge, rose, pourpre, jaune, verte, verdâtre, vert brunâtre, vert noirâtre ou panachée de rouge et de vert **11**

10. **Plante** brun pâle à brun foncé, beige, brun rougeâtre ou brun orangé (espèces dites « brunes ») **12**

11. **Tige** brun pâle à brun foncé ou brun-rougeâtre foncé (observable en grattant le cortex avec l'ongle sur un spécimen frais ou humidifié ou par une coupe transversale sur un spécimen séché, à partir de 1 cm sous le capitule et plus bas (espèces dites « brunes »); démarcation très marquée entre le cortex, le scléroderme et le parenchyme central (coupe transversale).........................**12**

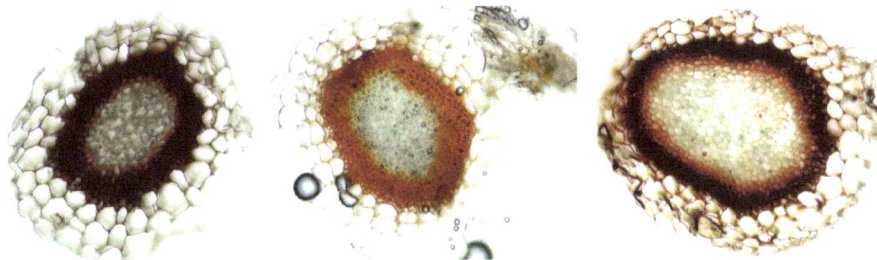

11. **Tige** rouge, rose, pourpre, verte, jaunâtre ou non pigmentée (observable en grattant le cortex avec l'ongle sur un spécimen frais ou humidifié ou par une coupe transversale sur un spécimen séché, à partir de 1 cm sous le capitule et plus bas; démarcation beaucoup moins marquée entre le cortex, le scléroderme et le parenchyme central (coupe transversale) **19**

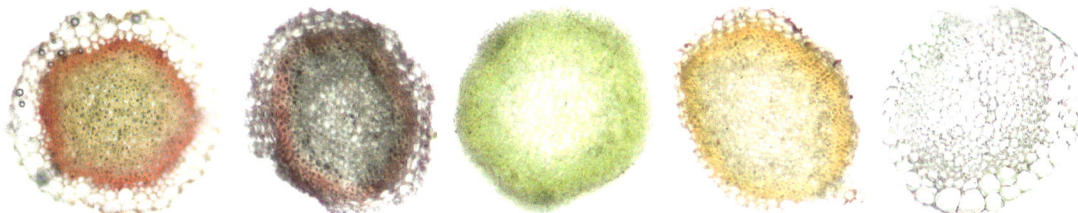

12. **Tige** avec au moins quelques cellules corticales avec un pore; espèces nordiques **13**

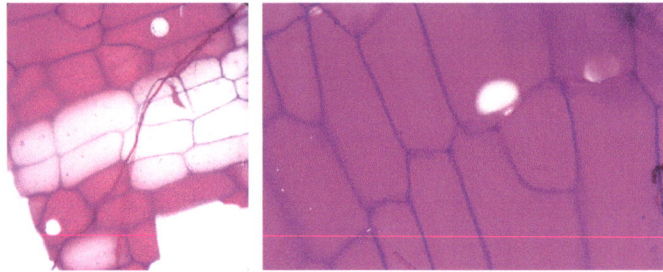

12. **Tige** à cellules corticales sans pore; espèces à répartitions diverses.......................**15**

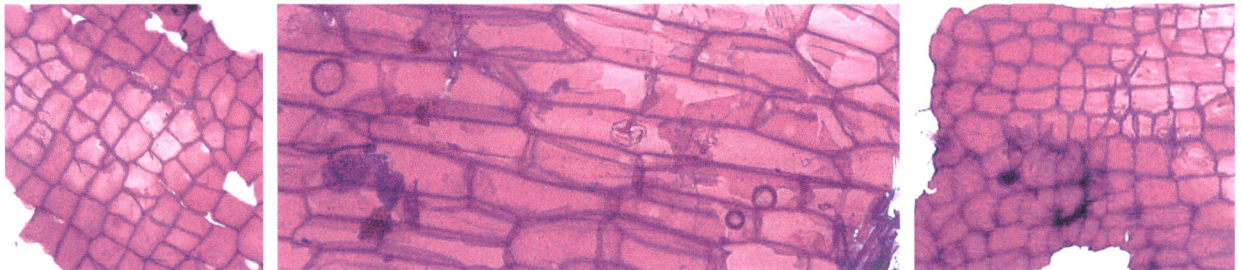

13. **Feuilles caulinaires** lingulées-triangulaires; apex à marges involutées ou étroitement tron-quées .... ***Sphagnum olafii***

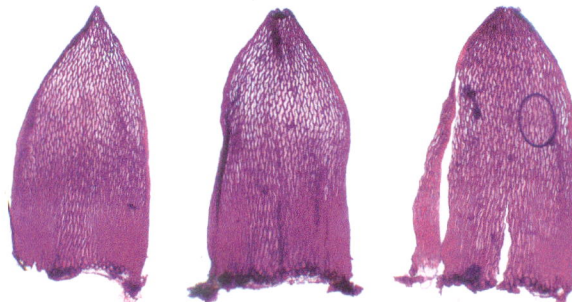

13. **Feuilles caulinaires** étroitement à largement lingulées ou rectangulaires-spatulées; apex à marges planes **14**

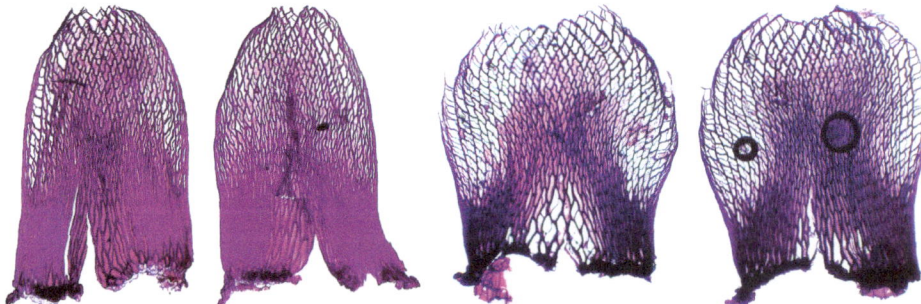

14. **Feuilles caulinaires** étroitement à largement lingulées, plus larges vers la 1/2 inférieure ou plus bas .... ***Sphagnum arcticum***

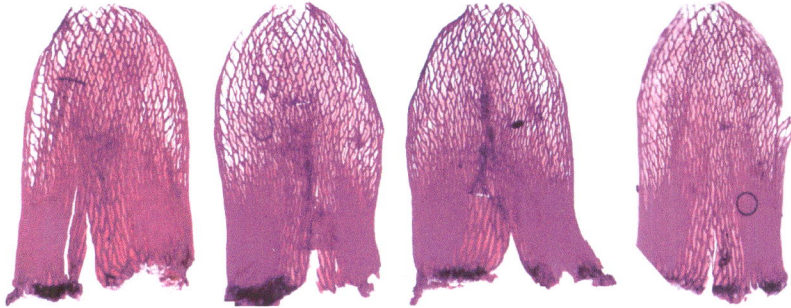

14. **Feuilles caulinaires** rectangulaires-spatulées, obovées, plus larges vers le 1/3 supérieur ....
.... ***Sphagnum concinnum***

15. **Feuilles caulinaires** longues de 1,4 mm ou plus **16**

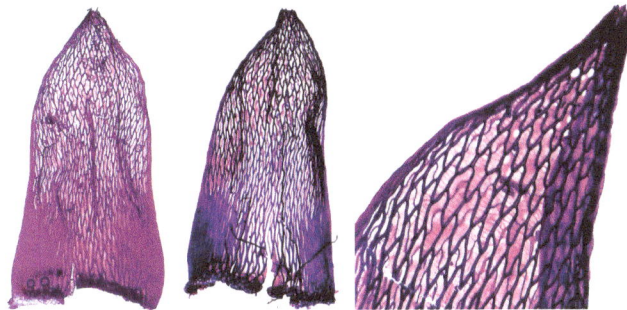

15. **Feuilles caulinaires** longues de moins de 1,4 mm **18**

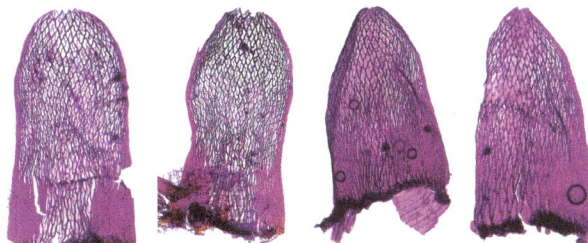

16. **Feuilles caulinaires** longues de moins de 1,43 mm..................***Sphagnum subfulvum*** (en partie)

16. **Feuilles caulinaires** longues de plus de 1,43 mm...**17**

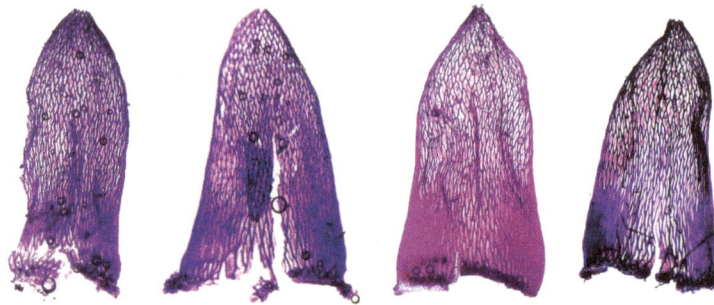

17. **Feuilles caulinaires** longues de moins de 1,6 mm; à apex plus ou moins plat, largement arrondi à obtusément anguleux, à côtés graduellement rétrécis de la base vers l'apex.............................
....***Sphagnum incundum*** (en partie)

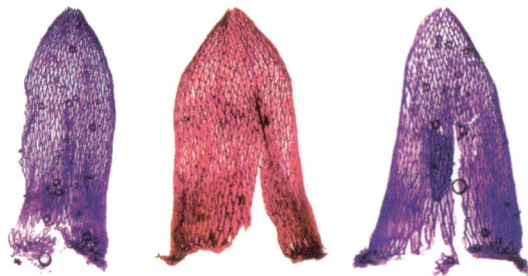

17. **Feuilles caulinaires** longues de 1,6 mm ou plus; à apex involuté à angle droit à aigu, à côtés très souvent incurvés vers le centre ou parallèles ....***Sphagnum flavicomans*** (en partie)

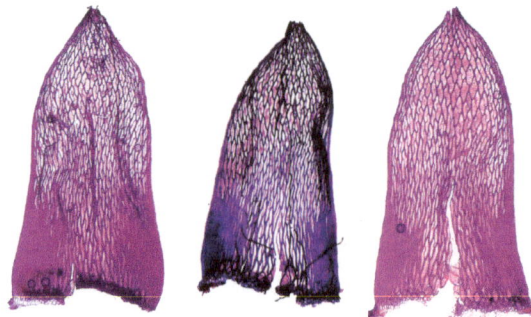

18. **Feuilles raméales** de 1,3 mm ou moins de longueur (0,8 à 1,3 mm); mousse brun-rouille au soleil, kaki-verdâtre à l'ombre; formant des buttes denses, principalement dans les bogs .... (voir aussi le texte sur *Sphagnum beothuk* dans la description de *S. fuscum*, p. 188) ....***Sphagnum fuscum***

Feuilles raméales

18. **Feuilles raméales** de plus de 1,3 mm de longueur (souvent plus de 2,0 mm); mousse brun pâle; formant des tapis plutôt lâches dans les tourbières plus minérotrophes.................................... ....***Sphagnum subfulvum*** (en partie)

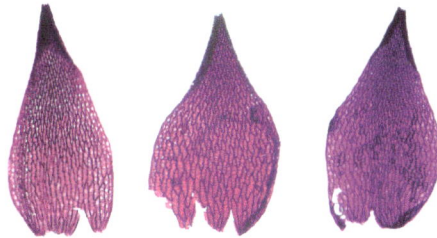

Feuilles raméales

19. **Plante** brune, brun pâle ou brun orangé................................. ***Sphagnum flavicomans*** (en partie)

19. **Plante** rouge, rose, pourpre, jaune, verte, verdâtre, vert brunâtre, vert noirâtre, ou panachée de rouge et de vert **20**

20. Feuilles caulinaires avec un apex nettement tronqué, lacéré ou fimbrié..................................**21**

20. Feuilles caulinaires avec un apex involuté, entier, aigu à obtus, arrondi ou à peine érodé......**27**

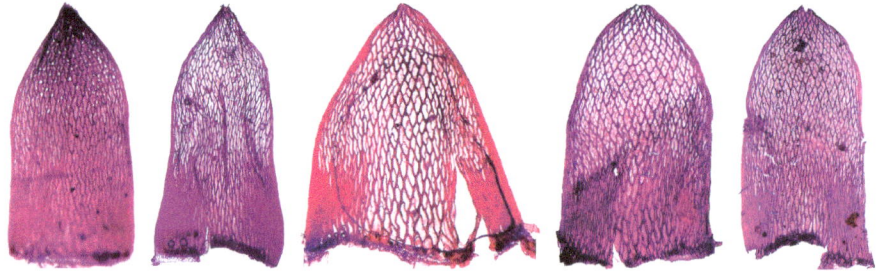

21. Feuilles caulinaires avec un apex tronqué ou lacéré sur la moitié ou moins de la largeur de la feuille...**22**

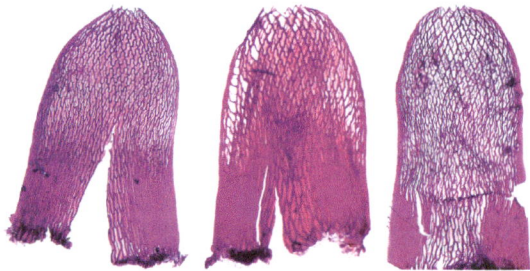

21. Feuilles caulinaires avec un apex tronqué, lacéré ou fimbrié sur plus de la moitié de la largeur de la feuille **26**

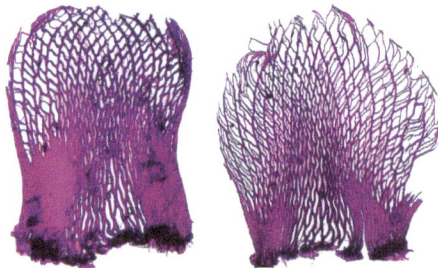

22. **Feuilles caulinaires** à hyalocystes (face concave) avec de nombreux pores (3 ou 4 pores et plus)
.... ***Sphagnum tenerum*** (en partie)

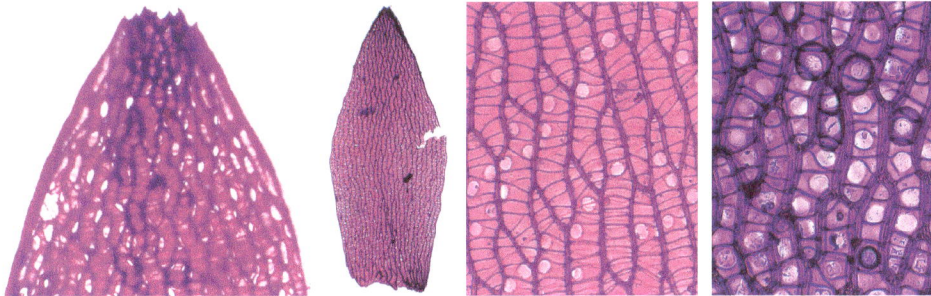

22. **Feuilles caulinaires** à hyalocystes (face concave) sans pores ou avec pores peu nombreux
(1 ou 2)...**23**

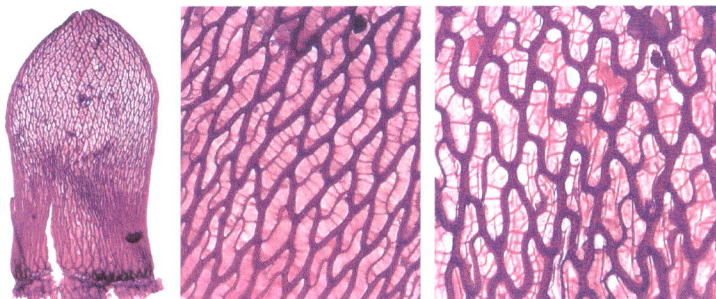

23. **Tige** à cellules corticales externes avec un pore...**24**

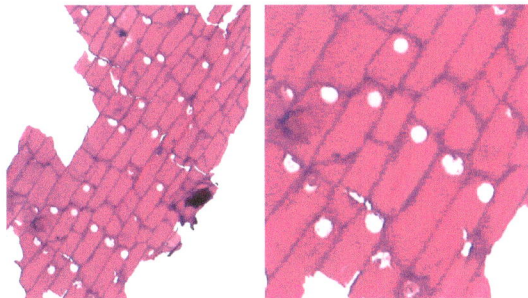

23. **Tige** à cellules corticales externes sans pore...**25**

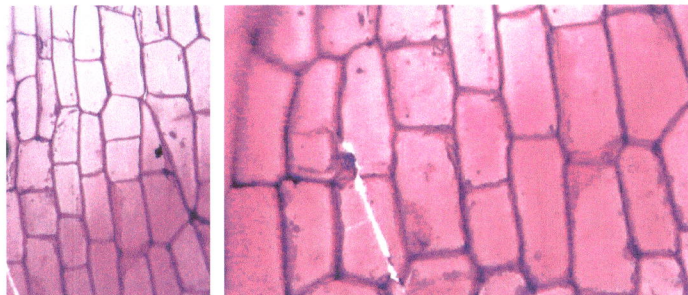

24. Feuilles caulinaires à plusieurs hyalocystes à paroi totalement résorbée (feuilles caulinaires atypiques quant à la forme et à l'apex : cf. description de l'espèce) ....
.... ***Sphagnum girgensohnii*** (en partie)

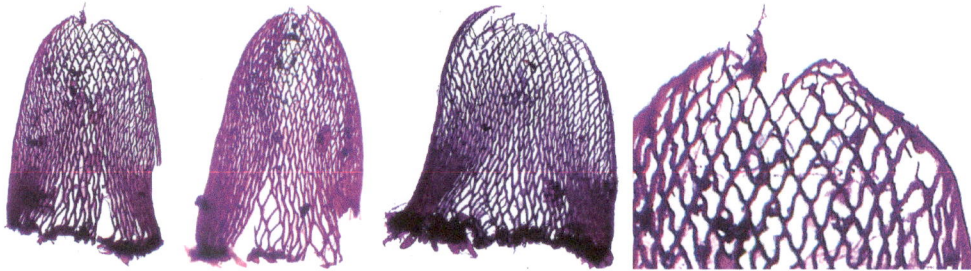

24. Feuilles caulinaires à hyalocystes à paroi non résorbée, sans aucun pore ou tout au plus avec quelques pores... ***Sphagnum russowii*** (en partie)

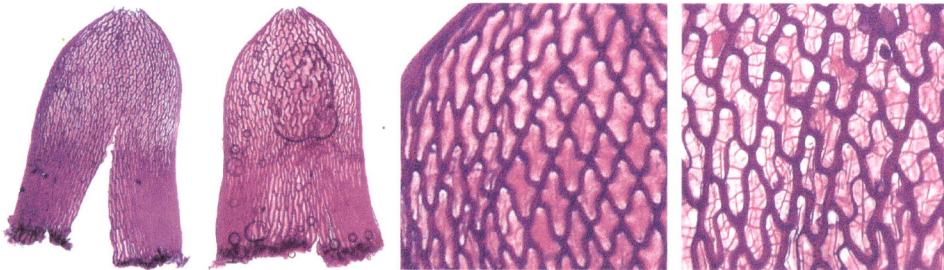

25. Feuilles caulinaires à hyalocystes nettement fibrilleux; hyalocystes rhomboïdaux; **bourgeon apical** peu visible; cortex de la **tige** sans pore .... ***Sphagnum rubellum*** (en partie)

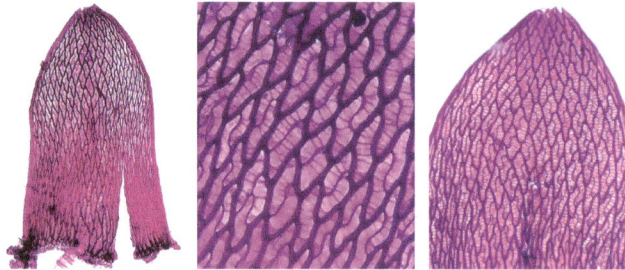

25. Feuilles caulinaires à hyalocystes sans fibrilles ou à fibrilles très peu développées ou estompées; hyalocystes près de l'apex rappelant la silhouette d'un « fantôme » sous son drap blanc; **bourgeon apical** visible et distinct; cortex de la **tige** avec pores................... ***Sphagnum russowii*** (en partie)

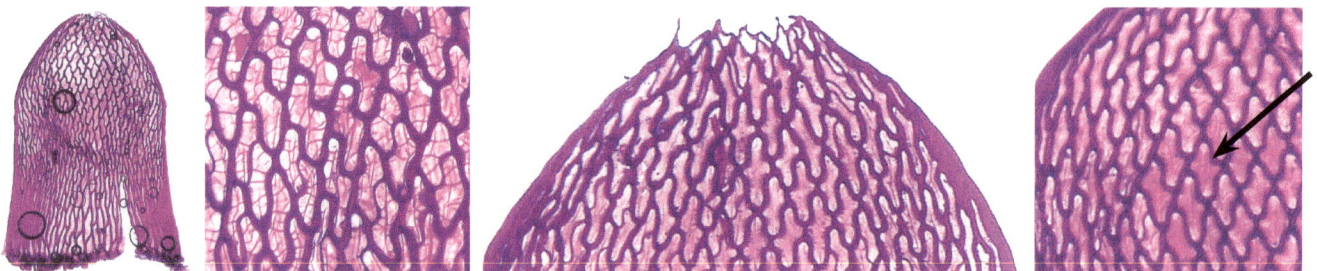

26. **Feuilles caulinaires** largement spatulées, fortement lacérées en travers de l'apex et le long d'une partie des côtés; **bourgeon apical** nettement proéminent.......................*Sphagnum fimbriatum*

26. **Feuilles caulinaires** grossièrement quadrangulaires à grossièrement rectangulaires dans leur pourtour général, tronquées-fimbriées en travers de l'apex mais non le long des côtés; **bourgeon apical** visible mais non proéminent ....*Sphagnum girgensohnii* (en partie)

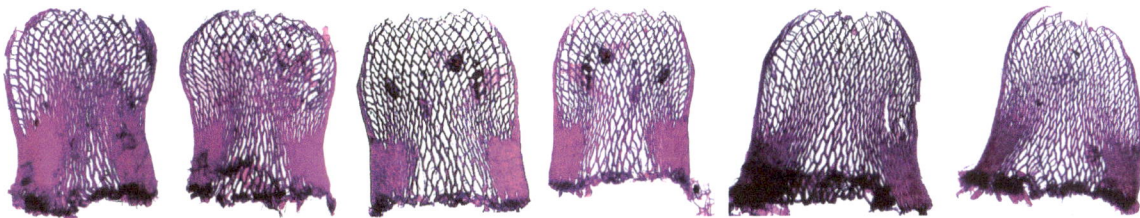

27. **Feuilles raméales** (région apicale, face convexe) à hyalocystes avec des pores nettement et fortement annelés; feuilles raméales typiquement en 5 rangs à l'état humide et sec (regarder plusieurs rameaux) .... *Sphagnum warnstorfii*

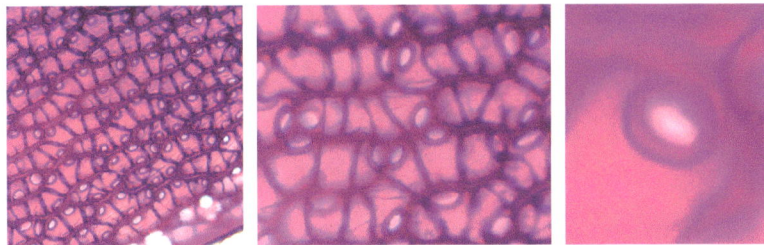

27. **Feuilles raméales** (région apicale, face convexe) à hyalocystes avec des pores non annelés ou parfois à bordure simplement un peu plus fortement colorée; feuilles raméales alignées de façons diverses **28**

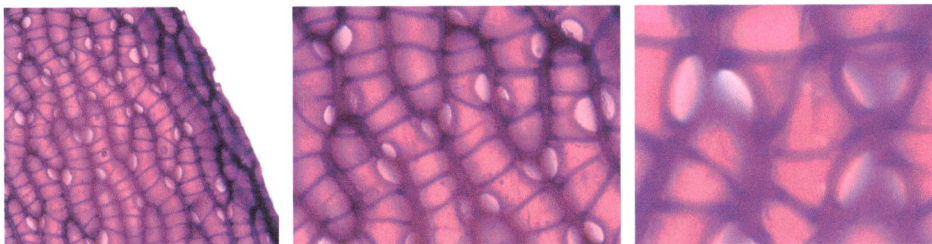

Feuille raméale

28. Tige à cellules corticales avec, pour la plupart, un pore............... *Sphagnum russowii* (en partie)

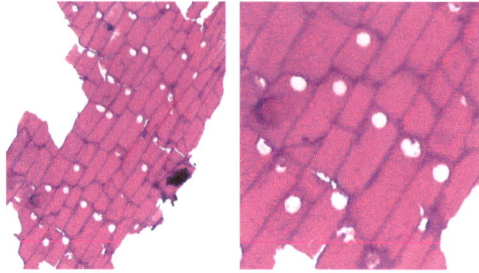

28. Tige à cellules corticales sans pore...**29**

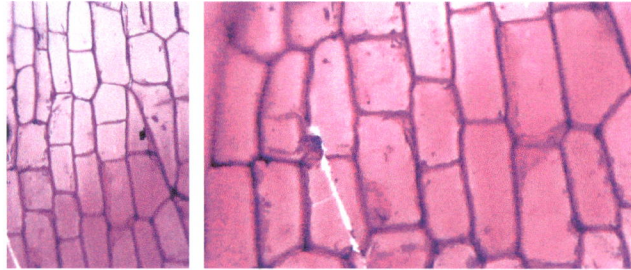

29. Feuilles caulinaires à hyalocystes à tendance rhomboïdale, 3-4 septées près des marges du tiers supérieur; **capitulum** à tendance aplatie .... *Sphagnum rubellum* (en partie)

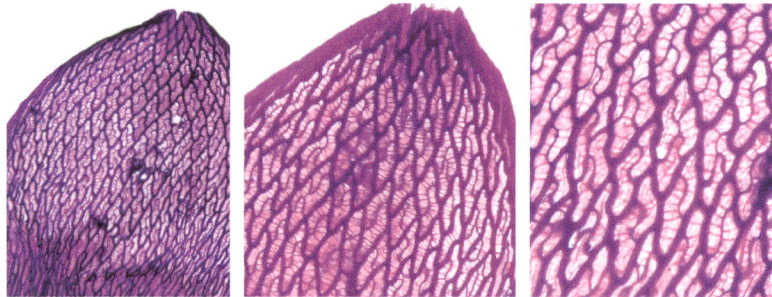

29. Feuilles caulinaires à hyalocystes en forme de S (ballon de fête allongé), 1-2 septées près des marges du tiers supérieur; **capitulum** à tendance hémisphérique (pompon)............................**30**

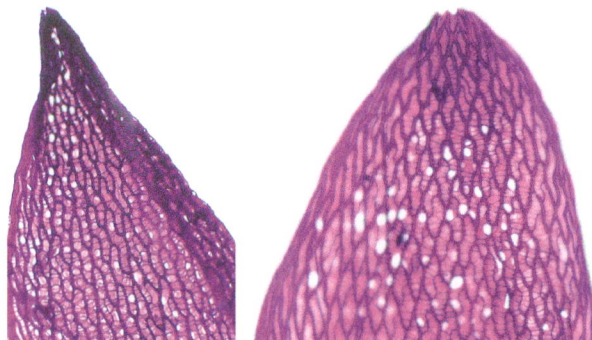

30. **Feuilles caulinaires** à hyalocystes (face concave; près des marges du tiers supérieur) à pores aux contours mal définis ou à paroi nettement résorbée .... ***Sphagnum capillifolium*** (en partie)

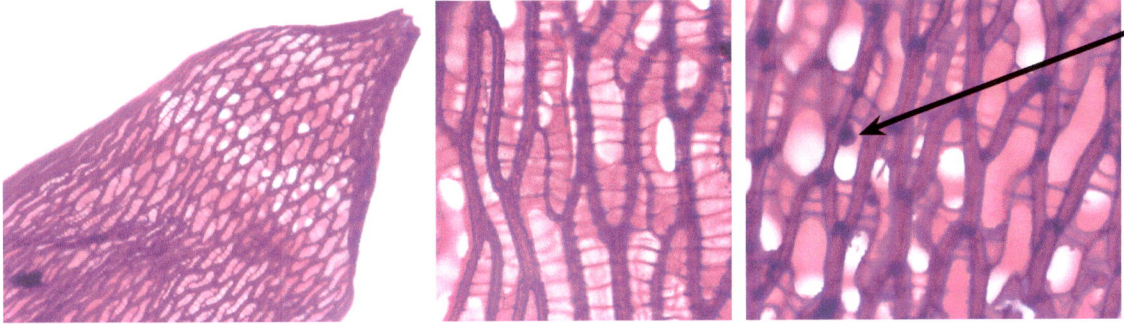

30. **Feuilles caulinaires** à hyalocystes (face concave; près des marges du tiers supérieur) avec de grands pores ronds aux contours nettement définis, certains libres des commissures et d'autres touchant aux commissures, dont quelques-uns faisant toute la largeur de la cellule ou presque (surtout vers la base de la feuille) .... ***Sphagnum tenerum*** (en partie)

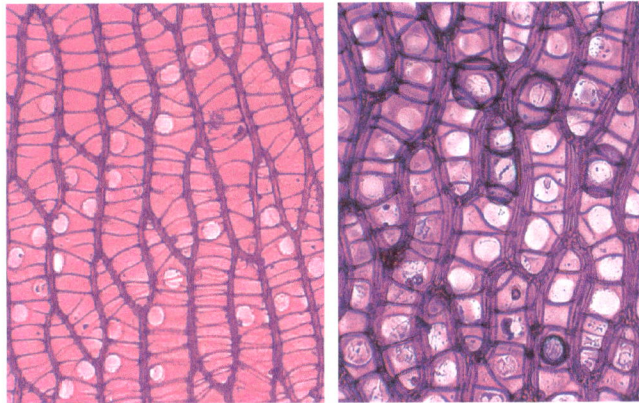

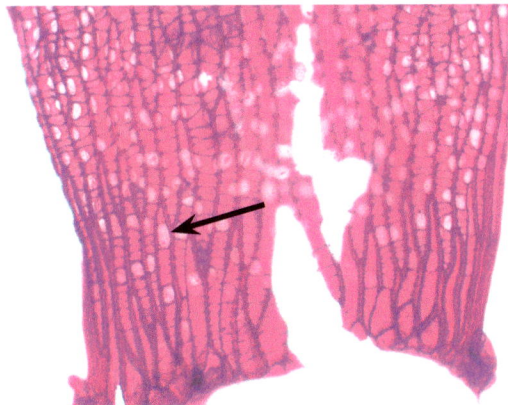

Caractères microscopiques

- **Feuilles raméales** à apex largement tronqué et nettement pluridenté, ovées, longues de 1,3 à 2,5 mm, planes ou à peine concaves; hyalocystes à pores non annelés.

Feuilles raméales

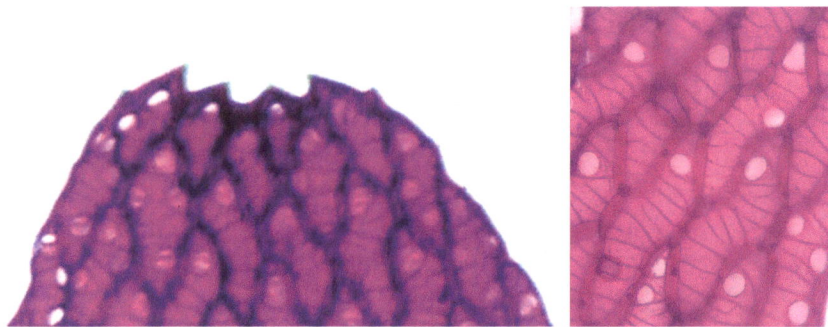

Apex

- **Feuilles caulinaires** lingulées à spatulées, plus larges au-dessus du milieu (environ 1,5 fois plus larges qu'à la base), puis nettement rétrécies vers la base, apex obtus et denté à lacéré; hyalocystes avec beaucoup de fibrilles dans la portion apicale de la feuille.

Feuilles caulinaires lingulées-spatulées

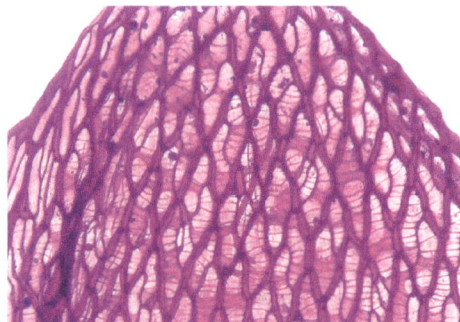

 Biotope

- Coussins bas et compacts.

 Habitat

- Tourbières côtières (fens pauvres avec éricacées et fens avec cypéracées comme *Tricophorum cespitosum* ou *Carex exilis*). Arbustaies en milieu riverain. Bastien et Garneau (1997) notent que l'espèce croît isolée parmi les autres sphaignes ou en petites colonies de faible densité. Généralement à proximité de la mer, à moins de 100 m d'altitude.

 Caractères de terrain (macroscopiques)

- **Bourgeon apical** très bien visible.
- **Capitulum** avec certains rameaux aplatis et abruptement atténués (semblant presque tronqués); couleur beige à brun très pâle.

Rameau aplati

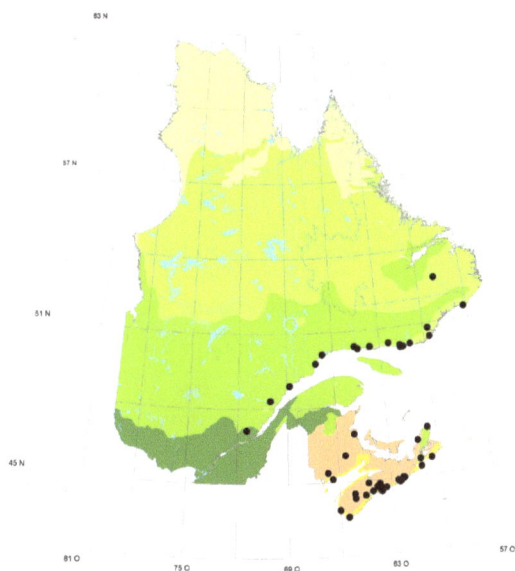

Caractères microscopiques

- **Feuilles raméales** concaves; apex tronqué et pluridenté; marge non creusée d'un sillon de résorption; face convexe à pores qui forment habituellement des trios distinctifs au point de contact du pore apical d'une cellule avec les 2 hyalocystes contigus.

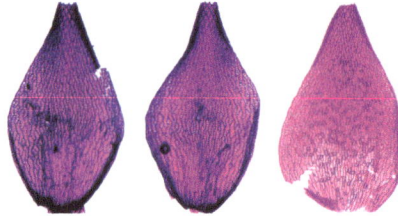

Feuilles raméales

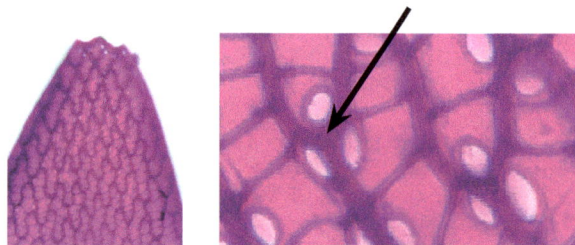

pores en trios

Rameau   Feuille raméale (c. t.)

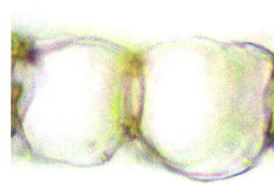

- **Feuilles caulinaires** oblongues à lingulées, modérément lacérées en travers d'un large apex arrondi.

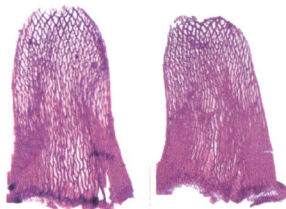

Feuilles caulinaires

- **Tige** à cellules corticales avec ou sans pore, sans fibrilles.

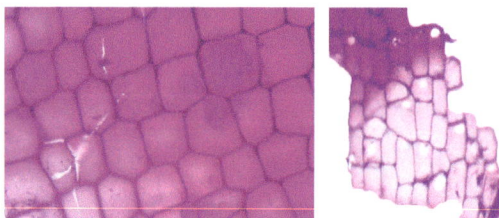

Cortex (tige)

⊗◯ Différences entre les espèces semblables

- Ressemble aux espèces du sous-genre *Sphagnum*, mais *Sphagnum aongstroemii* est une plante plus petite, avec une tige vert pâle à cellules corticales sans fibrilles et des feuilles raméales non cucullées, grossièrement dentées.

Biotope

- Tapis relativement lâches et buttes.

Habitat

- Fens forestiers (mélézins à épinettes noires) et fens pauvres sous arbustaie basse.

🌍 Répartition

- Mondialement : plante du Bas-Arctique. Espèce nordique, rare au Québec.

🔍 Caractères de terrain (macroscopiques)

- **Bourgeon apical** bien visible.
- La combinaison de la couleur très pâle des colonies et la forme des **feuilles caulinaires** lacérées à l'apex rend l'identification facile sur le terrain (Laine et coll. 2009).

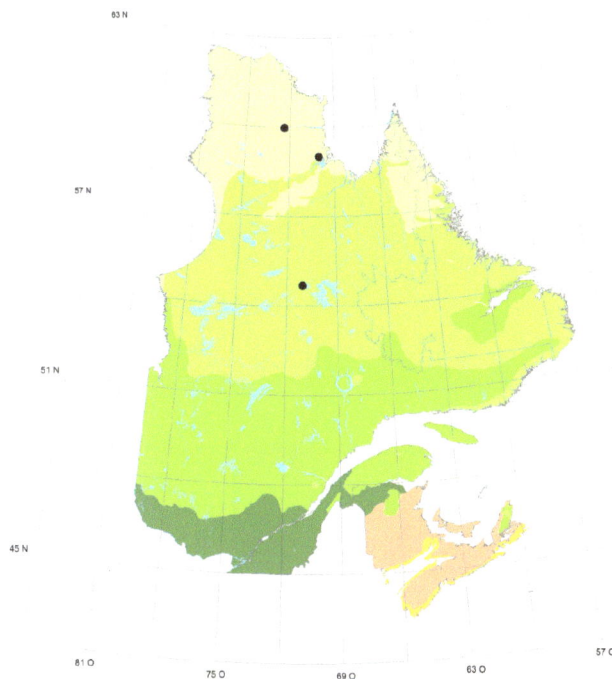

Caractères microscopiques

- **Tige** à cellules corticales avec quelques pores épars.

Tige (c. t.)

cortex

- **Feuilles caulinaires** lingulées à parfois lingulées-spatulées; apex largement obtus à obtus-tronqué et plus ou moins résorbé fimbrié-lacéré; hyalocystes sans fibrilles.

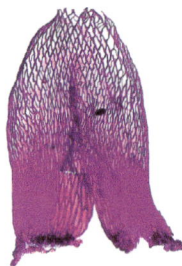

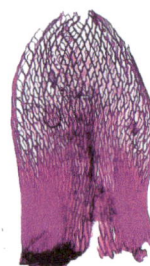

lingulée   lingulée-spatulée

Feuilles caulinaires

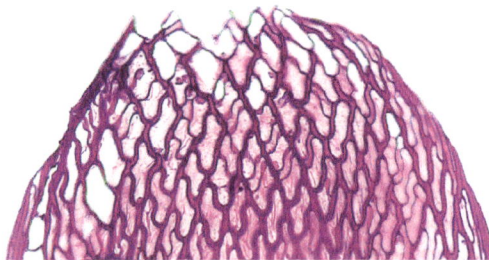

> **Attention :** Voir la note sous *Sphagnum girgensohnii* (dans les régions nordiques : sous des conditions climatiques extrêmes, celui-ci peut développer des feuilles caulinaires semblables à celles de *S. arcticum*).

Différences entre les espèces semblables

- *Sphagnum fuscum* est plus petit, moins foncé, et ses feuilles caulinaires ne sont pas tronquées-lacérées.
- *Sphagnum subfulvum* (spécimen séché) possède parfois un aspect luisant qui est absent chez *S. arcticum* et *S. fuscum*, et sa feuille caulinaire présente un apex obtus mais non lacéré.

Biotope

- Buttes.

Habitat

- Hautes buttes bien individualisées dans les fens modérément riches. Buttes plus basses dans les tourbières à lichens et dans la toundra, près de petites mares d'eau.
- Le spécimen le plus méridional connu a été récolté en Gaspésie, sur le mont Logan, en forêt subalpine rabougrie.

Caractères de terrain (macroscopiques)

- Espèce du sous-genre *Acutifolia* dite « brune » : **plante** typiquement brune.
- Présence de bandes brunes et jaune-brun pâle sur la **tige** mature.

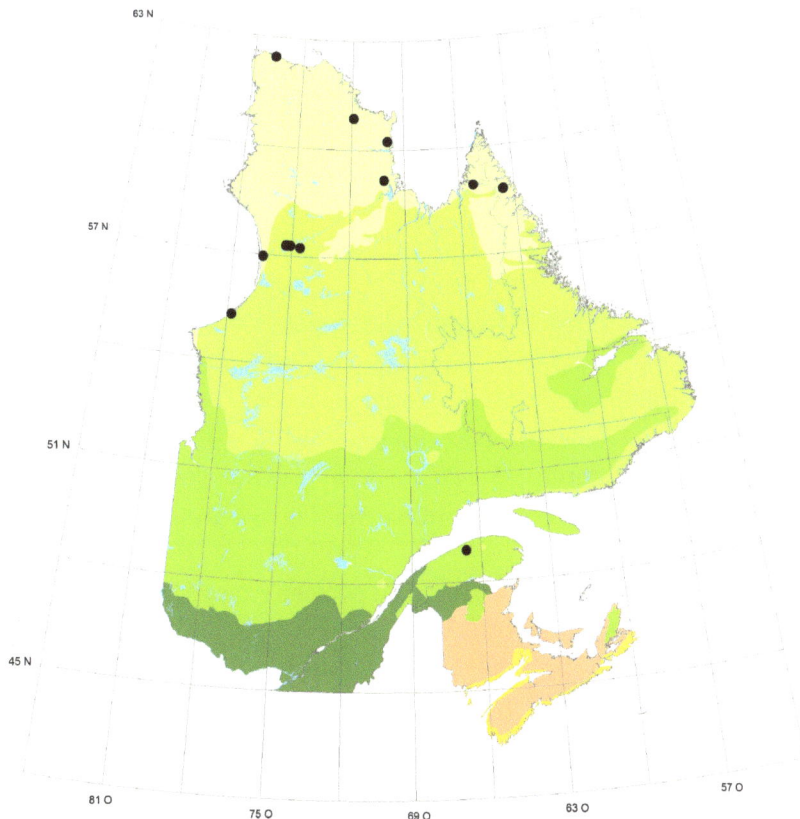

🔬 Caractères microscopiques

- **Tige** à cellules corticales sans pore.

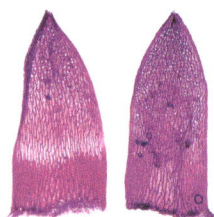

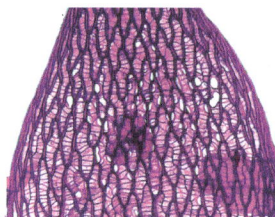

- **Feuilles caulinaires** lingulées-triangulaires; apex plus ou moins involuté; hyalocystes en forme de grands « S » allongés, non alignés en échelle les uns au-dessus des autres, 0-1-septés, habituellement avec fibrilles s'étendant dans une portion ne dépassant habituellement pas les 2/3 supérieur de la longueur; souvent avec pores, mais parfois sans.

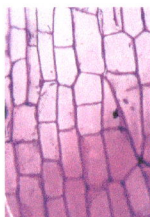

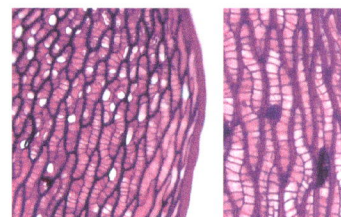

| Cortex (tige) | Feuilles caulinaires | Feuille caulinaire | Hyalocystes en forme de « S » allongé |

⊗◯ Différences entre les espèces semblables

- *Sphagnum capillifolium* (à gauche) est souvent plus « échevelé », avec plus de rameaux, et présente un **capitulum** plus en forme de pompon que celui, plat, de *S. rubellum* (à droite) qui possède une allure plus délicate :

⊗◯ Différences entre les espèces semblables

- Les individus de *Sphagnum capillifolium* ont tendance à demeurer enchevêtrés entre eux une fois retirés du coussin, contrairement à ceux de *S. quinquefarium*.

- Chez *S. capillifolium*, le bourgeon apical est peu visible et le capitulum est plus dense et arrondi que chez *S. rubellum*, *S. warnstorfii* ou *S. quinquefarium* (à l'état sec).

- Les feuilles raméales de *S. capillifolium* n'ont pas tendance à s'aligner sur 5 rangs comme chez *S. rubellum*.

- Les feuilles raméales denses de *S. capillifolium* ne permettent pas facilement de voir le rouge de la tige, contrairement à celles de *S. rubellum*.

- L'apex de la feuille caulinaire de *S. capillifolium* est plus triangulaire et denté que l'apex arrondi de *S. rubellum*.

- *S. capillifolium* est pratiquement absent des tourbières ouvertes, contrairement à *S. rubellum*. *S. capillifolium* s'installe plutôt à proximité des bosquets d'épinettes noires ou encore sous les broussailles éricoïdes hautes et denses de certains secteurs plus secs des tourbières (Gauthier 2001a).

Biotope

- Buttes hautes.

Habitat

- Forme les buttes les plus hautes en tourbières ombrotrophes (bogs), en forêts coniférennes (pessières à sphaignes, pinèdes, sapinières) et dans les marécages. Bon colonisateur des milieux perturbés (exploitations forestières et brûlis dans les pessières, tourbières régénérées après extraction de la tourbe par une coupe par blocs). Moins fréquent, mais aussi présent, dans les fens plus minérotrophes.

Caractères de terrain (macroscopiques)

- Petite sphaigne allant de vert, à l'ombre, à complètement rouge dans les habitats exposés, présentant des pompons hémisphériques.

Capitula hémisphériques (pompons) de *Sphagnum capillifolium*

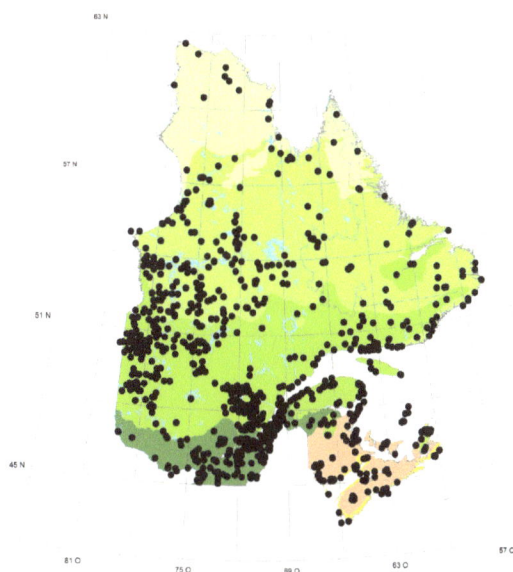

Caractères microscopiques

- **Feuilles caulinaires** rectangulaires-spatulées, à apex tronqué-fimbrié; bordure large à la base entourant de grands hyalocystes laissant apparaître une forme triangulaire.

- **Tige** à cellules corticales la plupart avec un pore.

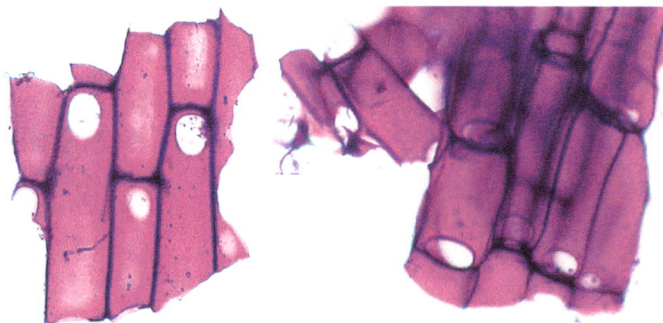

Cortex (tige)

- Les **feuilles raméales** n'ont pas de caractéristiques diagnostiques utiles autres que celles présentées en début de sous-genre.

⊗○ Différences entre les espèces semblables

- *Sphagnum concinnum* diffère de *S. fimbriatum* par sa couleur plutôt brun pâle à brun foncé, alors que le second est de couleur verte à verdâtre.

Biotope

- Coussins très compacts. Platières formées de populations denses de sphaignes.

Habitat

- Fens arctiques allant de pauvres à modérément riches.

🌍 Répartition

- Nordique.

🔍 Caractères de terrain (macroscopiques)

- **Plante** de couleur brun pâle à brun foncé.

- Sur le terrain, Flatberg (2002) identifie cette sphaigne grâce à ses **feuilles caulinaires** qui sont plus larges à leur partie apicale, et par le fait que non seulement l'apex de la feuille caulinaire est fimbrié, mais aussi la marge.

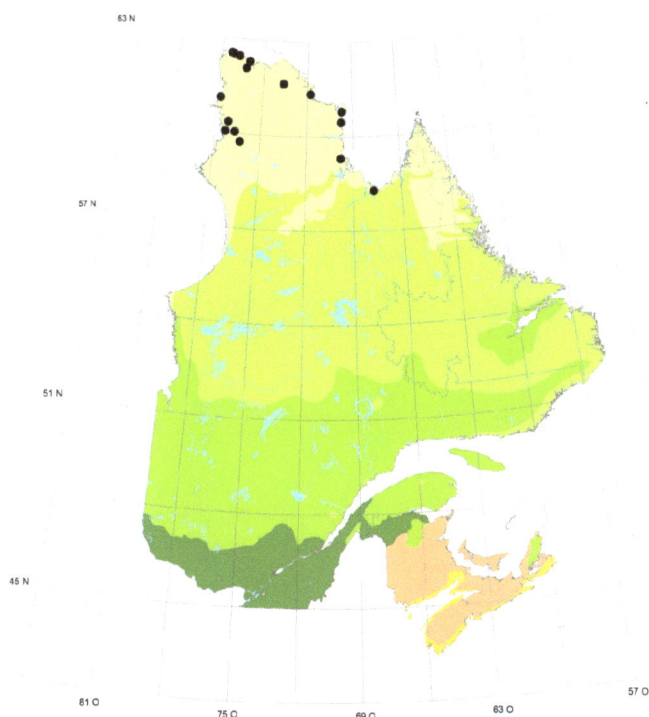

⚗ **Caractères microscopiques**

- **Feuilles caulinaires** largement spatulées, fortement lacérées en travers d'un large apex et le long d'une partie des côtés; bordure large à la base entourant de grands hyalocystes laissant apparaître une forme triangulaire.

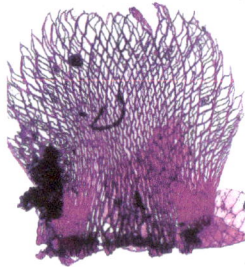

Feuilles caulinaires

Apex

- **Tige** à cellules corticales la plupart avec un pore.

Cortex (tige)

- Les **feuilles raméales** n'ont pas de caractéristiques diagnostiques utiles autres que celles présentées en début de sous-genre.

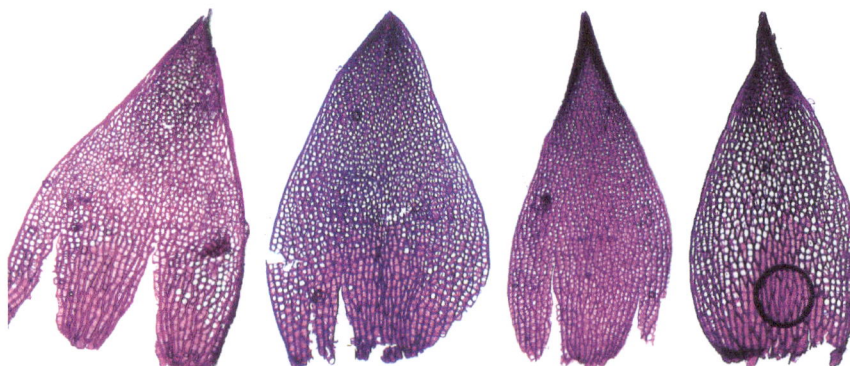

⊗○ Différences entre les espèces semblables

- *Sphagnum fimbriatum* se distingue des autres espèces du sous-genre *Acutifolia* par les lacérations de l'apex et d'une bonne partie des marges des feuilles caulinaires.
- Le bourgeon apical de *S. fimbriatum* est généralement blanchâtre et plus pâle et plus proéminent que chez *S. girgensohnii*, car les feuilles caulinaires en construction sont largement fimbriées (McQueen 1990).
- La présence de sporophytes est plus fréquente chez *S. fimbriatum* que chez *S. girgensohnii*.
- *Sphagnum fimbriatum* diffère de *S. concinnum* par sa couleur verte à verdâtre, alors que le second est de couleur brun pâle à brun foncé. *S. concinnum* a aussi une croissance plus compacte que *S. fimbriatum*.

Biotope

- Coussins plutôt lâches, souvent supportés par les branches basses des arbustes.

Habitat

- Préférence pour les habitats minérotrophes sur tourbe (aulnaies, fens à *Carex*, laggs), mais aussi sur sol minéral humide (milieux humides riverains, fossés, fourrés arbustifs, rochers suintants). L'espèce a souvent un comportement de pionnière dans les habitats perturbés, de transition ou instables (p. ex. tranchées des tourbières régénérées après extraction de la tourbe par une coupe par blocs). Parfois dans des crevasses rocheuses humides.

Q Caractères de terrain (macroscopiques)

- **Feuille caulinaire** largement lacérée.
- **Bourgeon apical** nettement proéminent.
- **Plante** délicate d'un beau vert tendre, mais plutôt grise lorsque sèche.

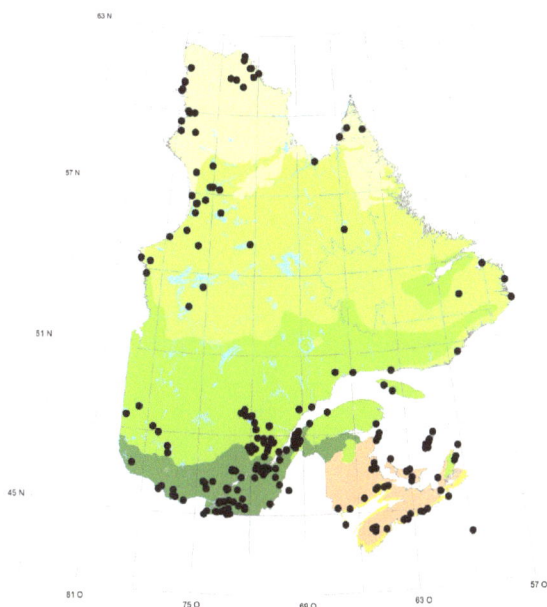

Caractères microscopiques

- **Tige** (coupe transversale) brun-rougeâtre (comparativement à brun foncé chez *S. subfulvum*).

Tige brune (c. t.)

- **Feuilles caulinaires** étroitement triangulaires-lingulées, très souvent à côtés incurvés, longues de 1,5 à 2,0 mm; apex brusquement rétréci à angle droit à aigu; hyalocystes 0-1-septés, normalement avec de délicates fibrilles près de l'apex de la feuille.

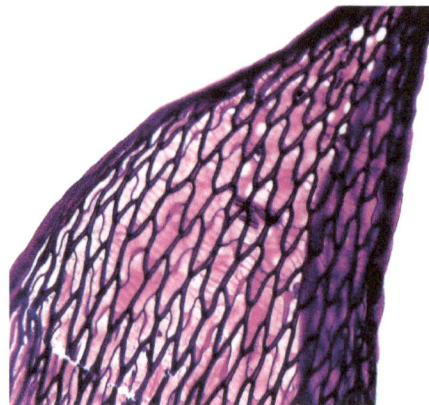

- **Feuilles raméales** ovées-lancéolées, longues de 1,5 à 2,3 mm.

⊗○ Différences entre les espèces semblables

- *Sphagnum flavicomans* est nettement plus robuste que *S. fuscum* et possède des feuilles caulinaires plus grandes à apex plus pointu. Voir la discussion sous *S. subfulvum.*

- *S. flavicomans* est une plante plus grosse et plus robuste que *S. fuscum*; elle a un aspect jaune-or avec des rameaux très longs et denses.

- *S. fuscum* a des feuilles caulinaires plus courtes avec apex largement arrondi faciles à comparer avec celles de *S. flavicomans* sur le terrain.

- L'allure de *S. flavicomans* est plus rigide et ses rameaux sont plus longs que chez *S. subfulvum.*

- Les feuilles caulinaires de *S. flavicomans* ressemblent à celles de *S. subfulvum*, mais elles sont plus longues que celles de *S. subfulvum.*

Biotope

- Espèce formant essentiellement des buttes, mais elle se rencontre aussi en tapis humides.

Habitat

- Tourbières à sphaignes à caractère océanique (bogs et fens pauvres). A été trouvé recolonisant des tranchées de tourbières exploitées pour la tourbe horticole (coupe par blocs). Occasionnellement en haute altitude, à plus de 1 000 m. En haute montagne, les individus sont moins bien développés. Très commune dans les tourbières côtières des provinces maritimes.

Caractères de terrain (macroscopiques)

- Espèce du sous-genre *Acutifolia* dite « brune » : **plante** d'un brun clair à jaune doré.

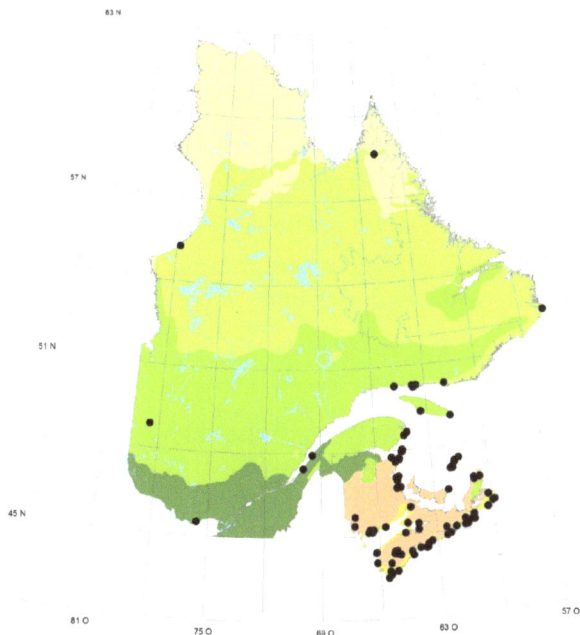

Caractères microscopiques

- **Tige** à scléroderme nettement brun.

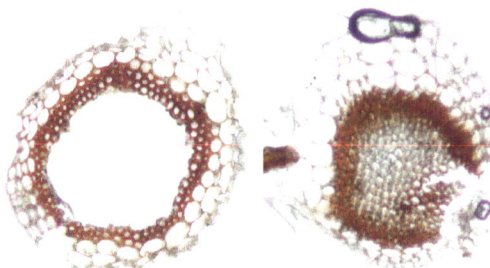

Tige (c. t.)

- **Feuilles caulinaires** lingulées, longues de 0,8 à 1,3 mm; apex largement arrondi, érodé, semblant parfois denticulé; hyalocystes 0-1(-2)-septés, habituellement sans fibrilles.

- **Feuilles raméales** ovées-lancéolées, longues de 0,8 à 1,3 mm.

Feuilles caulinaires   Feuilles raméales

Différences entre les espèces semblables

- *Sphagnum subfulvum,* une espèce exclusivement minérotrophe, a une allure plus robuste et a une coloration légèrement plus brun-orangé que *S. fuscum* (Laine et coll. 2009).

- Les feuilles raméales de *S. subfulvum* sont plus pointues que celles de *S. fuscum* (Laine et coll. 2009).

- *S. fuscum* est d'un brun foncé, petit et délicat, à rameaux lâches lorsque comparé à *S. flavicomans.*

- Les rameaux de *S. fuscum* s'amincissent en une pointe blanche, ce que ne fait pas *S. arcticum.*

- Dans le Nord, *S. fuscum* peut être fréquent dans les fens à lanière en présence de *S. subfulvum.* Dans ce cas, on distingue *S. fuscum* qui forme des buttes denses de *S. subfulvum* qui ne forme pas de buttes.

> **Attention : *Sphagnum beothuk* R.E. Andrus** est à rechercher, car l'espèce est connue à l'île de Terre-Neuve, mais n'a encore jamais été récoltée ailleurs sur le territoire couvert par le guide. Nous en discutons sous *Sphagnum fuscum,* car c'est à cette espèce que mènerait la clé d'identification pour *S. beothuk.* Pour confirmer l'identification (si vous avez des sphaignes très brun foncé à capitula nettement hémisphériques) se référer à l'article de Lönnell (2017).

 **Biotope**

- Buttes étendues basses et denses. Cette espèce forme parfois de hautes buttes.

 **Habitat**

- Espèce très commune dans les tourbières ombrotrophes, mais qui forme parfois des buttes basses distinctes dans les fens riches. Recolonise spontanément les tourbières exploitées pour la tourbe horticole. Pessières à sphaignes avec ou sans exploitation forestière.

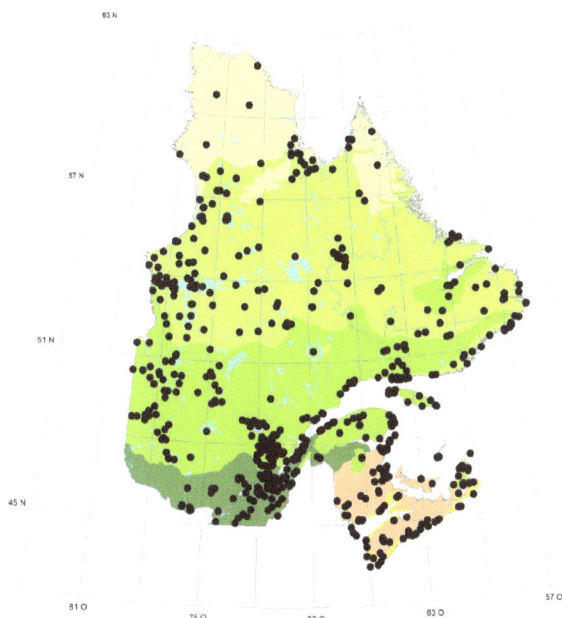 **Caractères de terrain (macroscopiques)**

- **Rameaux** pendants longs et distincts, blanchâtres, apprimés à la tige.
- Petite **plante** mince et compacte avec des **capitula** relativement plats, formant des masses bien compactes à cause des **rameaux** entremêlés.
- **Plante** généralement brun rouille, parfois brun verdâtre ou panachée de noir et de vert, et brun plus pâle sous les capitula sans jamais aucune trace de rouge. À l'ombre, tire davantage sur le kaki verdâtre.
- **Tige** brun pâle à brun foncé (à l'ombre).
- **Feuilles caulinaires** dressées et apprimées sur la tige.

Spécimen séché

Caractères microscopiques

- **Feuilles caulinaires** à apex large, tronqué-fimbrié ou lacéré; grossièrement quadrangulaires à grossièrement rectangulaires dans leur pourtour général; hyalocystes sans fibrilles, plusieurs à paroi totalement résorbée laissant apparaître un motif en échelle verticale le long d'une ou des deux marges dû à la présence des chlorocystes subsistants; bordure large à la base entourant de grands hyalocystes laissant apparaître une forme triangulaire.

Feuilles caulinaires typiques

- **Tige** à cellules corticales avec un gros pore rond (occupant près du tiers de la surface cellulaire).

Cortex (tige)

> **Note :** Certains individus ayant subi des conditions extrêmes (coupe forestière, incendie) peuvent développer des feuilles caulinaires fortement atypiques. Le grand pourcentage de pores des cellules corticales de la tige permet de reconnaître la présente espèce.

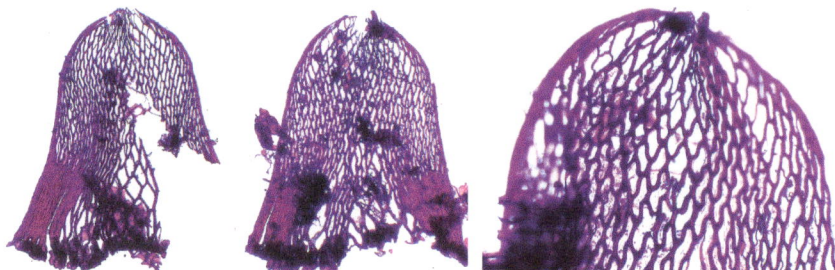

Feuilles caulinaires atypiques de *S. girgensohnii*

Différences entre les espèces semblables

- *Sphagnum girgensohnii* (espèce très commune au Québec) est très similaire à *S. rubiginosum* (très rare), mais *S. girgensohnii* ne présente aucune pigmentation rougeâtre, et il n'a que 2 rameaux divergents par fascicule (voir la note sous *S. rubiginosum*, p. 202).
- Tige verte chez *S. girgensohnii*, alors qu'elle est souvent rouge-brun chez *S. teres*.

 Biotope

- Tapis et monticules lâches.

 Habitat

- Espèce de milieux minérotrophes affectionnant les endroits ombragés, sur sol forestier humide dans le sud de son aire de répartition : pessières à sphaignes, sapinières, marge forestière des tourbières, aulnaies, cédrières, saulaies, milieux riverains arbustifs, bétulaies, mélézins, érablières, tremblaies, marécages tourbeux, rochers suintants. Se rencontre localement en tourbières à sphaignes associé aux *Carex* ou au *Calamagrostis canadensis*. En régions nordiques, se rencontre en milieux plus ouverts : combes à neige, rochers suintants, buttes dans la toundra à lichens.

 Caractères de terrain (macroscopiques)

- **Plante** toujours verte, avec parfois des bouts de rameaux (anthéridies) brunâtres.
- **Bourgeon apical** généralement bien visible et légèrement proéminent.
- **Feuille caulinaire** bien caractéristique à apex largement arrondi, érodé sur au moins la moitié de sa largeur.
- **Tige** rigide (se casse au lieu de se courber à l'état frais sur le terrain).
- **Rameaux divergents** longs, plus minces et blanchâtres à leur extrémité, distinctement perpendiculaires par rapport à la tige.

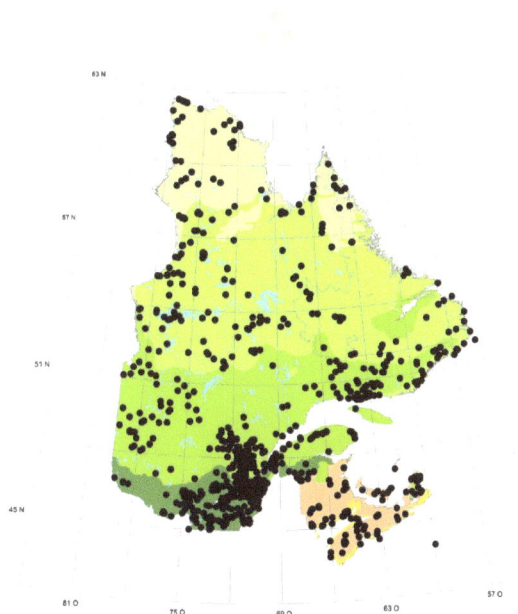

Caractères microscopiques

- **Tige** brun pâle à brun foncé; cellules corticales sans pore.

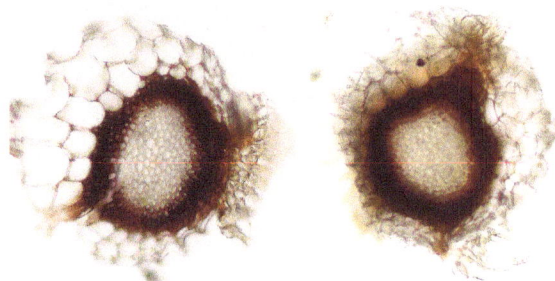

Tige (c. t.)

- **Feuilles raméales** lancéolées-ovées à elliptiques-ovées, longues de 1,3 à 1,6 mm, apex graduellement atténué, obscurément denticulé.

- **Feuilles caulinaires** étroitement lingulées, longues de (1,32) -1,46 (-1,6) mm, apex étroitement aigu à aigu-obtus; hyalocystes plutôt courts, fortement en forme de « S », sans fibrilles ou communément à fibrilles délicates près de la portion apicale, sans pores ou occasionnellement avec très peu de pores à l'apex.

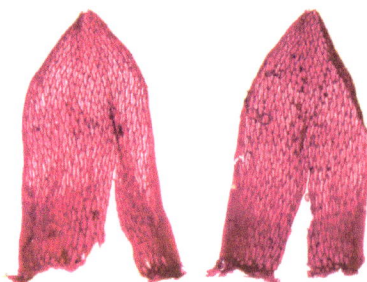

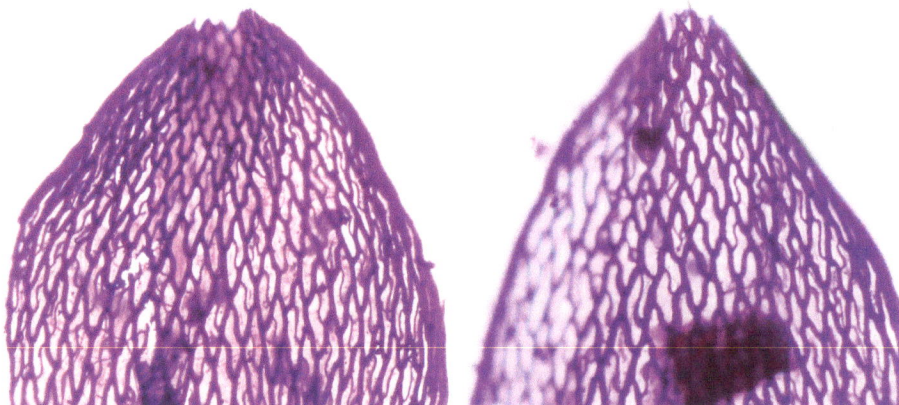

Biotope

- Selon Kyrkjeeide et coll. (2018), forme de petits tapis et des coussins bas en pente douce, ou croît en petites parcelles dans des platières.

Habitat

- Les deux spécimens récoltés dans le Nunavik au Québec l'ont été dans une dépression et dans le fond d'une vallée avec drainage imparfait. L'un se trouvait dans un fen mince avec arbustaies et herbaçaies, l'autre sur un mégapolygone de tourbe minérotrophe. Le sol organique reposait sur du till, du sable ou du gravier.

Répartition

- Nouvelle espèce décrite pour les régions boréales et arctiques de l'Amérique du Nord.

Caractères de terrain (macroscopiques)

- **Plante** brun foncé à brun doré, parfois avec une teinte rosée en milieu très ensoleillé; parfois aussi avec un lustre métallique lorsque séchée.

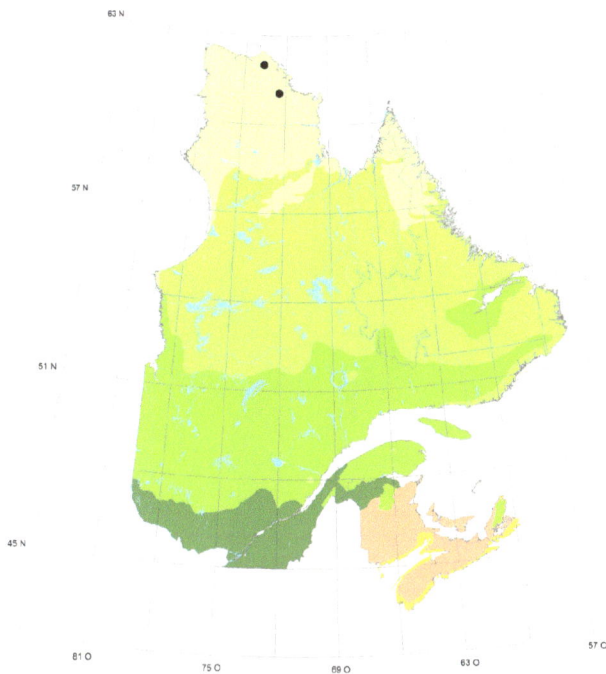

Caractères microscopiques

- **Feuilles raméales** ovales et fortement concaves, à marge denticulée près du sommet, à apex pluridenté; marge (coupe transversale) creusée d'un sillon de résorption.

Feuilles raméales

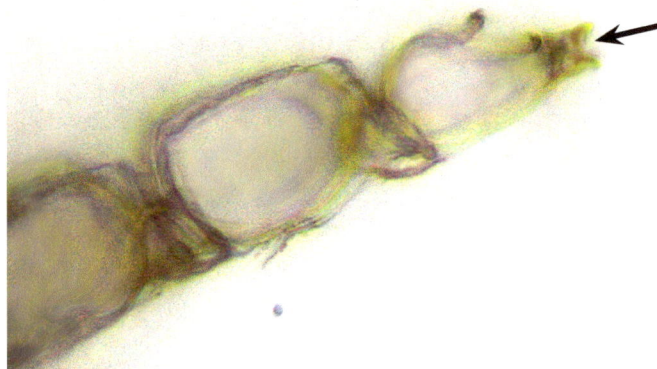

c. t. : sillon de résorption

- **Feuilles caulinaires** de forme variable, allant d'ovée à allongée-lingulée; la partie la plus large se trouve vers le milieu de la feuille.

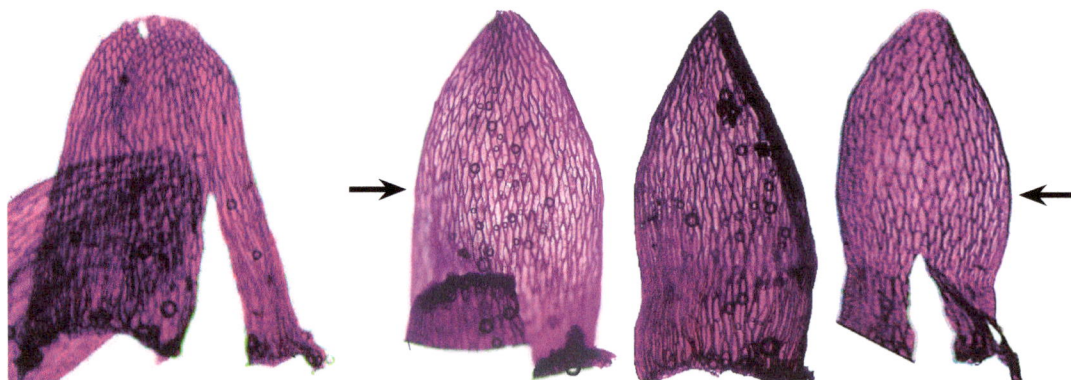

Feuilles caulinaires

⊗◯ Différences entre les espèces semblables

- La morphologie des colonies de *Sphagnum molle* est similaire à celle de *S. compactum*, mais leur couleur est plus pâle.
- Les feuilles caulinaires de *S. molle* sont plus grandes que celles de *S. compactum*.

Biotope

- Coussins très compacts, vert pâle, d'où il est difficile de différencier les plants individuels qui les composent.

Habitat

- Tourbières minérotrophes pauvres, sans arbres. Rare dans l'est du Canada.

🔍 Caractères de terrain (macroscopiques)

- Mousse vert-grisâtre ou vert-jaunâtre, avec fascicules densément insérés sur la tige.
- L'apex des **feuilles raméales** porte des dents caractéristiques.
- **Capitulum** individuel difficilement distinguable vu du dessus, à cause de l'arrangement dense des rameaux.

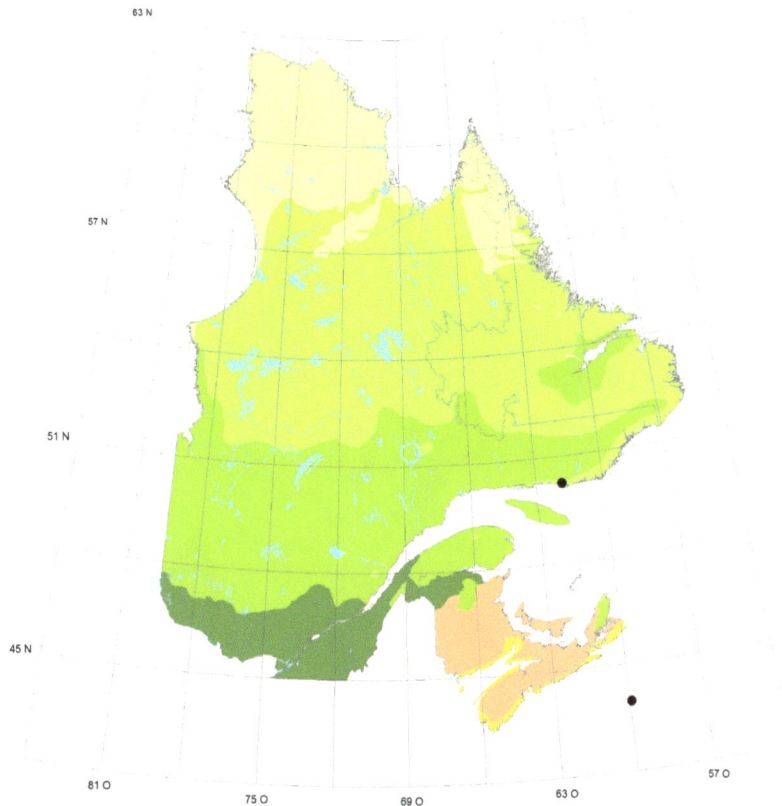

Caractères microscopiques

- **Tige** à cellules corticales avec souvent quelques pores épars ou sans pores.

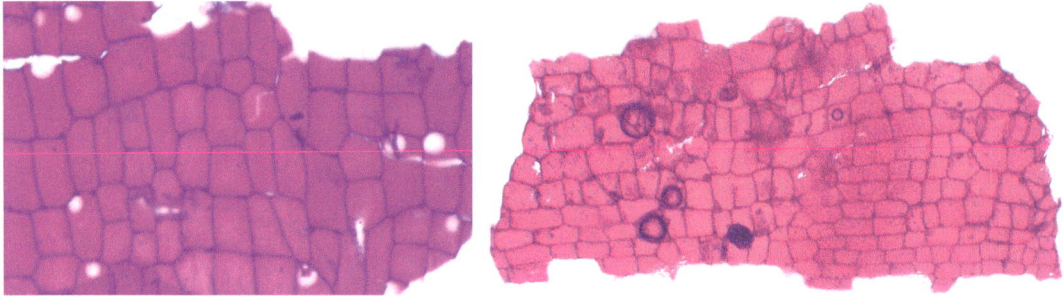

- **Feuilles caulinaires** lingulées-triangulaires; longues de 1,2-<u>1,4</u>-1,7 mm.

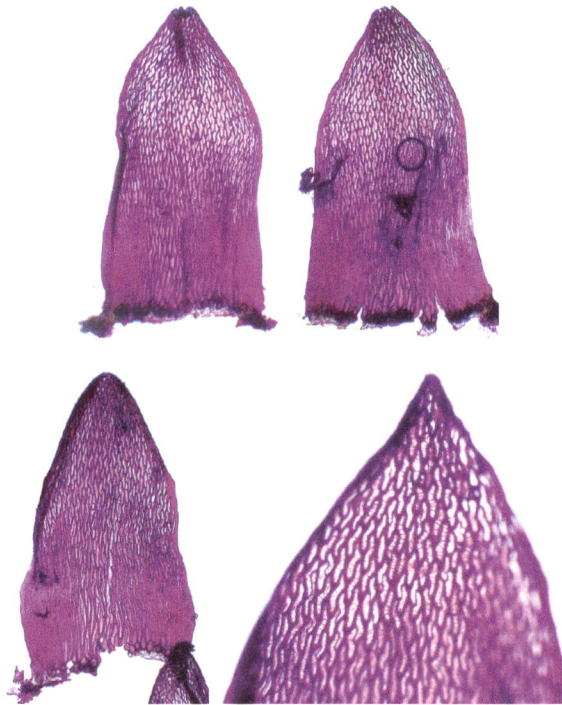

- **Feuilles raméales** longues de 1,5-<u>1,8</u>-2,1 mm.

⊗○ Différences entre les espèces semblables

- Chez *Sphagnum olafii*, les feuilles caulinaires et raméales sont plus longues et étroites que chez *S. arcticum*.

- La feuille caulinaire de *S. olafii* (tout comme celle de *S. capillifolium*) a un apex plus aigu que celle de *S. arcticum*.

Biotope

- Coussins compacts formés d'individus densément imbriqués donnant une surface uniforme et douce à la colonie.

Habitat

- Tourbières arctiques soligènes. Rare au Québec.

🔍 Caractères de terrain (macroscopiques)

- Coussins et tapis denses d'apparence douce.

- **Capitula** typiquement verts au centre et brunâtres à l'extérieur, avec souvent un léger lustre rouge pourpre.

- **Tige** vert pâle avec des bandes de brun.

- **Feuille caulinaire** lingulée-triangulaire.

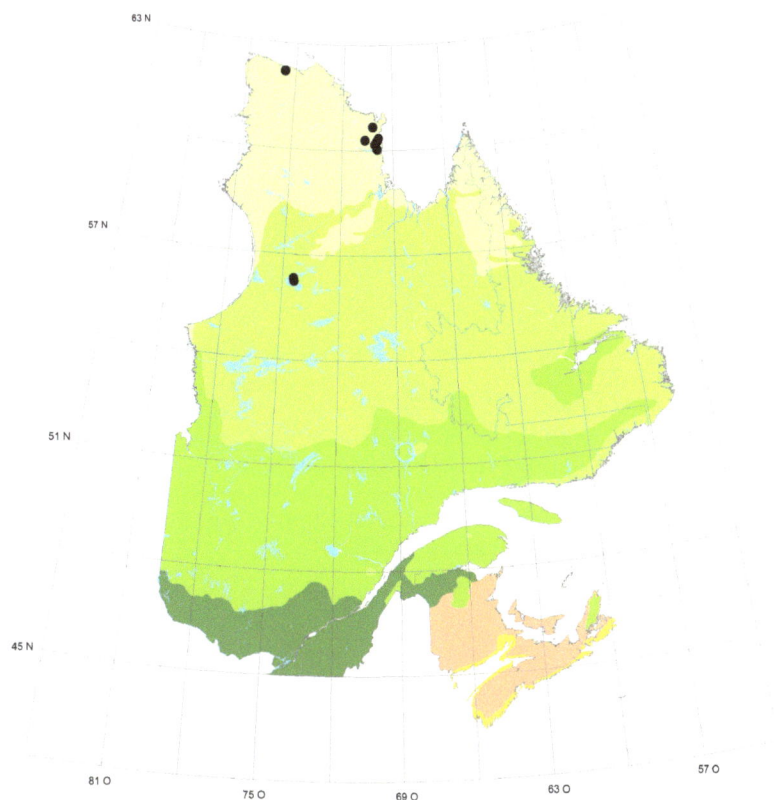

Caractères microscopiques

- Cortex de la **tige** sans pore.

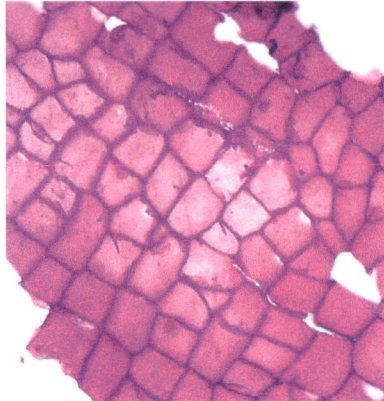

Cortex sans pore (tige)

- **Feuilles raméales** nettement alignées en rangées longitudinales.

- **Feuilles caulinaires** triangulaires à triangulaires-lingulées; apex légèrement obtus, mais apparaissant souvent aigu à cause de sa concavité; hyalocystes, la plupart 0-1-septés, sans aucun pore ni fibrille.

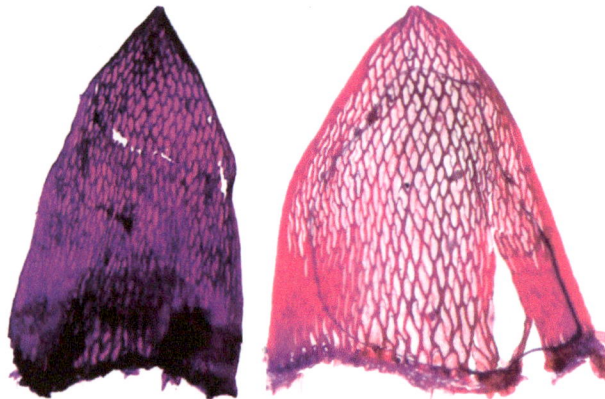

Feuilles caulinaires

Différences entre les espèces semblables

- *Sphagnum rubiginosum* a 3 rameaux divergents par fascicule comme *S. quinquefarium*, mais ses feuilles raméales ne sont pas alignées en rangs et sa feuille caulinaire lingulée est nettement différente de la feuille caulinaire triangulaire de *S. quinquefarium*.

- *S. quinquefarium* présente souvent des sporophytes lorsque comparé à *S. warnstorfii*. De plus, ce dernier n'a que 2 rameaux divergents par fascicule.

Biotope

- Colonise les monticules naturels en forêt.

Habitat

- Espèce quasi invariablement de milieux ombragés. Souvent dans les pessières à sphaignes avec ou sans exploitation forestière, parfois dans les tourbières à sphaignes (très rare). Moins fréquemment dans les cédrières et les pessières à mousses hypnacées sur humus ou sur tourbe. Parfois sur terrain en pente en forêt ou sur crevasses rocheuses humides.

Caractères de terrain (macroscopiques)

- **Fascicules** arrangés en 3 **rameaux divergents** et 1 ou 2 **rameaux pendants**.
- Les individus se séparent facilement lorsqu'on retire une poignée.
- Le coussin possède une allure lâche.
- **Feuilles raméales** alignées sur 5 rangs (caractère plus évident à l'état sec).
- **Bourgeon apical** bien visible.

Fascicule de 3 rameaux divergents
et de 1 ou 2 rameaux pendants

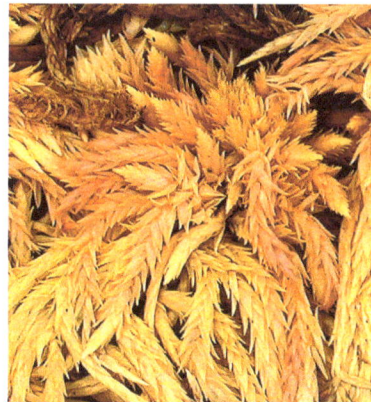

Feuilles raméales
alignées en rangées longitudinales

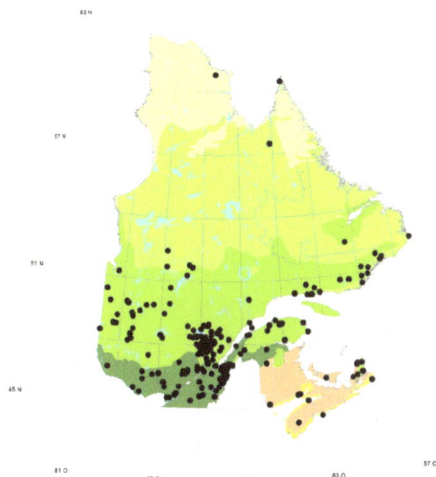

Caractères microscopiques

- **Tige** à cellules corticales sans pore.

- **Feuilles caulinaires** lingulées-triangulaires à lingulées, avec normalement un parallélisme des côtés sur plus des 2/3 de la longueur; apex largement arrondi; hyalocystes rhomboïdaux, habituellement sans pores, alignés en échelles les uns au-dessus des autres, très nettement fibrilleux dans la partie supérieure, 0-3-septés et quelques cellules 2-3-septées dans la portion médiane de la feuille près des marges.

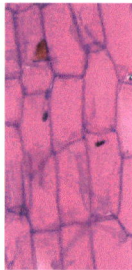

Cortex (tige)   Feuilles caulinaires

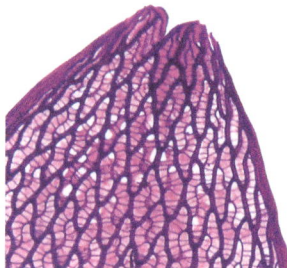

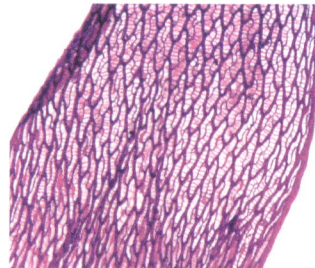

Feuilles caulinaires   hyalocystes rhomboïdaux et 0-3 septés

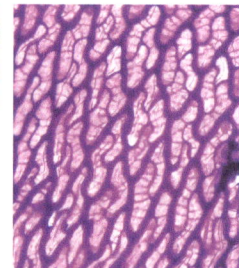

Différences entre les espèces semblables

- *Sphagnum rubellum* (à droite) est plus délicat, avec un capitulum plus plat, comparé à *S. capillifolium* (à gauche) :

- Le capitulum de *Sphagnum rubellum* est plus lâche et plus plat que celui de *S. capillifolium*.

- Le bourgeon apical de *S. rubellum* est plus visible que celui de *S. capillifolium*.

- Les feuilles raméales apparaissent plus alignées en rangées chez *S. rubellum* que chez *S. capillifolium*.

- Les feuilles caulinaires de *S. rubellum* ont des marges parallèles ou avec une constriction dans le 1/3 basal, alors qu'elles sont plus longuement triangulaires chez *S. capillifolium*.

 Biotope

- Forme des colonies étendues : platières, buttes basses, tapis flottants.

 Habitat

- Tourbières à sphaignes ouvertes (bogs et fens pauvres). Aussi dans les dépressions humides des pessières à sphaignes.

 Caractères de terrain (macroscopiques)

- Mousse rouge de petite taille.
- **Capitulum** plat avec un bourgeon apical distinct au centre.
- La **tige** rouge des **rameaux** est visible à travers les **feuilles raméales**.
- **Feuilles raméales** à peu près sur 5 rangs.

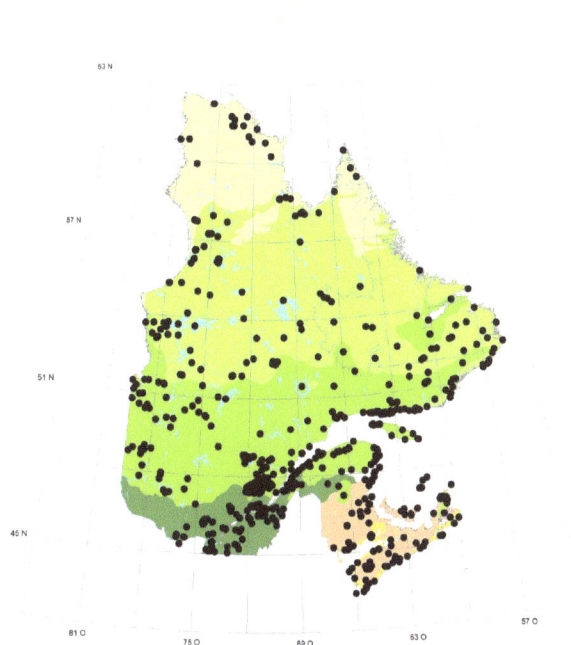

Caractères microscopiques

- **Tige** à cellules corticales superficielles, avec un 1, parfois 2 ou 3 gros pores ronds ou plus ou moins elliptiques.

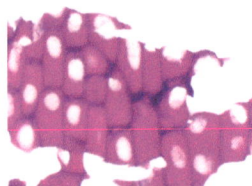

Cortex (tige)

- **Feuilles caulinaires** largement lingulées-spatulées à grossièrement quadrangulaires (longues de 1 à 1,3 mm), plus larges à la base et/ou dans le 1/3 apical, habituellement plus étroites dans la région médiane; apex étroitement à largement tronqué et plus ou moins fimbrié-lacéré; hyalocystes sans fibrilles, plusieurs 2-4-septés; feuilles se recouvrant très étroitement les unes les autres, formant pratiquement un manchon autour de la tige.

Feuilles caulinaires

- **Feuilles raméales** (apex, face convexe) sans pore ou pores rares.

Feuille raméale   Apex

Note : Il serait souhaitable que les spécimens de *Sphagnum girgensohnii* conservés en herbier soient révisés en portant une attention particulière au nombre de rameaux divergents (2) par fascicule. On pourrait alors être agréablement surpris en y découvrant certains spécimens qui appartiendraient plutôt à *S. rubiginosum* (3 parfois 4-5).

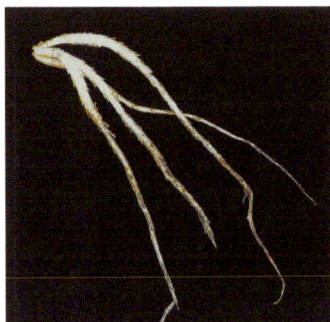

⬚⬚ Différences entre les espèces semblables

- *Sphagnum rubiginosum* peut être différencié de toutes les autres espèces du sous-genre *Acutifolia* (sauf de *S. quinquefarium*) par ses fascicules composés d'au moins 3 rameaux divergents évidents et de 1 ou 2 rameaux pendants. Toutefois, contrairement à *S. quinquefarium*, les feuilles raméales de *S. rubiginosum* ne sont pas alignées en rangées longitudinales et leurs feuilles caulinaires sont totalement différentes.

- **Bourgeon apical** plus proéminent que chez *Sphagnum girgensohnii* ou que chez *S. russowii*.

Habitat

- Endroits ombragés des forêts d'épinettes humides. Rare au Québec.

Caractères de terrain (macroscopiques)

- **Fascicules** de 3 (4-5) **rameaux divergents** et 1-2 **rameaux pendants**.

- **Capitulum** avec un peu de brun-rouge; marbré de rouge et de vert dans les endroits exposés.

- La paroi des hyalocystes de l'apex de la **feuille caulinaire** chez *S. rubiginosum* et *S. girgensohnii* est totalement résorbée sur les deux faces contrairement à celle de *S. russowii*.

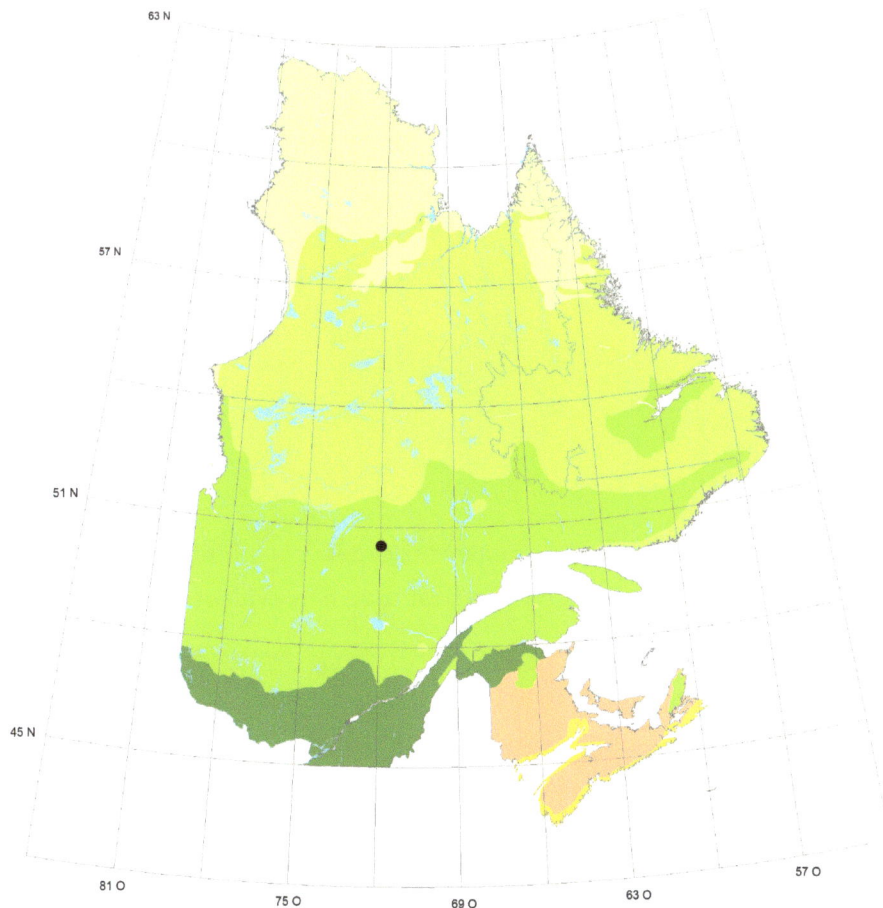

🔬 Caractères microscopiques

- **Tige** à cellules corticales avec un pore ou très rarement sans pore.

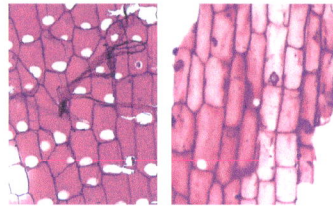

Cortex (tige)

- **Feuilles caulinaires** lingulées; apex largement arrondi, érodé ou lacéré sur la moitié ou moins de la largeur de la feuille; hyalocystes la plupart sans fibrilles ou à fibrilles peu développées ou estompées, avec ou sans pore, courts-sigmoïdes-rhomboïdaux; hyalocystes situés près de l'apex rappelant la silhouette d'un « fantôme » sous son drap blanc; hyalocystes médians allongés et souvent 1-2 septés avec parois plissées.

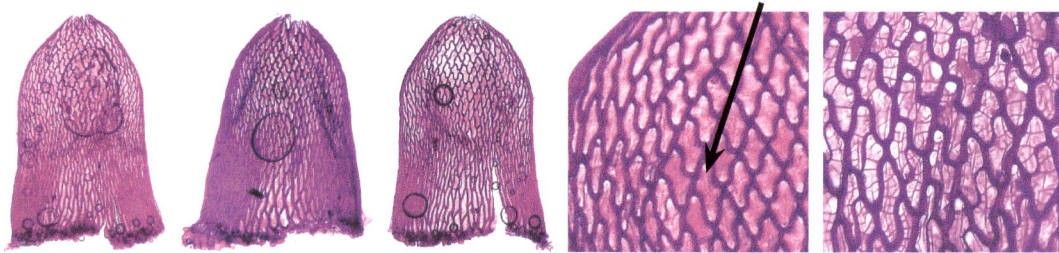

Feuilles caulinaires

- Les **feuilles raméales** n'ont pas de caractéristiques diagnostiques utiles autres que celles présentées en début de sous-genre ou dans la clé.

Feuilles raméales

◨◯ Différences entre les espèces semblables

- Le bourgeon apical de *Sphagnum russowii* est beaucoup plus évident que celui de *S. rubellum* ou de *S. capillifolium*.
- *S. russowii* se différencie de *S. girgensohnii* par sa coloration marbrée de rouge et sa feuille caulinaire relativement plus longue.
- *S. capillifolium* possède un capitulum arrondi et une feuille caulinaire pointue.
- *S. quinquefarium* est une espèce typiquement forestière avec 3 rameaux divergents et des feuilles caulinaires pointues.
- *S. russowii* peut aussi être confondu avec *S. warnstorfii*, mais ce dernier présente habituellement des feuilles raméales nettement alignées en rangées à l'état sec ou humide.

 **Biotope**

- Forme de petits monticules ronds en milieux ombrotrophes à faiblement minérotrophes. Gauthier (2001a) note que partout cette espèce « fuit le contact direct avec la nappe phréatique en érigeant des buttes ».

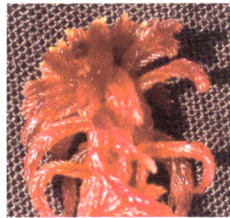 **Habitat**

- Dans le sud de son aire de répartition, il est généralement (presque toujours) associé à des habitats ombragés : forêts de conifères sur humus, pessières à sphaignes et sapinières, incluant les exploitations forestières. Souvent à l'ombre des éricacées ou des grands *Carex* dans les tourbières à sphaignes ou dans les marges de tourbières forestières (laggs); saulaies, aulnaies, bétulaies, cédrières, érablières, mélézins. Fréquent aussi dans les tourbières en régénération naturelle à la suite de l'extraction de la tourbe horticole (monticules s'appuyant sur les parois des tranchées). Dans le Québec nordique (au nord de la forêt boréale), l'espèce est présente dans les habitats ouverts.

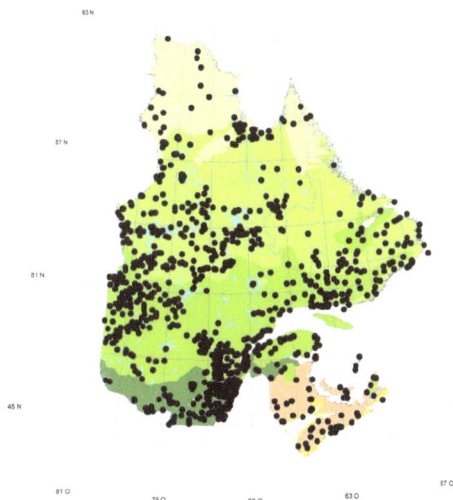 **Caractères de terrain (macroscopiques)**

- **Capitulum** plat, de forme plutôt étoilée.
- **Bourgeon apical** généralement facile à voir.
- **Feuilles raméales** non alignées en rangées longitudinales.
- **Plante** verte souvent marbrée de rouge (à cause des anthéridies teintées de rouge). À noter cependant que, comme pour *S. capillifolium*, elle va de complètement verte à l'ombre, à presque complètement rouge ou rouge-violacé au soleil.

Capitula   Spécimen séché

Caractères microscopiques

- **Tige** brune à brun jaunâtre; cellules corticales sans pore.

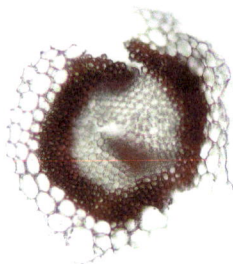 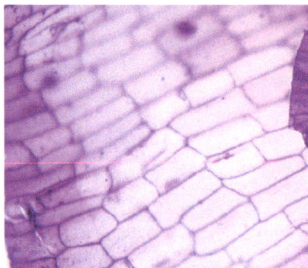

Tige brune (c. t.)   Cortex (tige)

- **Feuilles raméales** ovées, longues de plus de 1,3 mm.

Feuille raméale

- **Feuilles caulinaires** lingulées-triangulaires à largement lingulées, longues de 0,9-1,3(-1,5) mm; apex largement arrondi à obtusément anguleux, entier à tout juste érodé; hyalocystes rhombiques, la plupart 0-1-septés, normalement sans fibrilles.

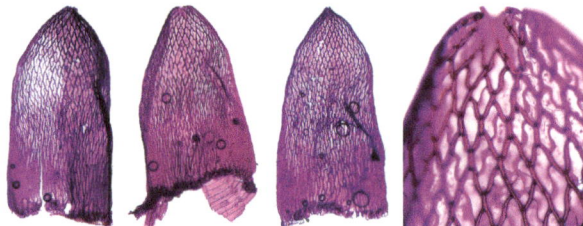

Différences entre les espèces semblables

- *Sphagnum subfulvum* présente parfois un lustre métallique faiblement teinté de rose ou à tendance violette lorsque sec qui est absent chez *S. flavicomans*.

- *S. subfulvum* possède des feuilles caulinaires apparaissant plus larges et moins aiguës que *S. flavicomans*.

- L'allure de *S. subfulvum* est plus molle que le toujours rigide *S. flavicomans* et ceci, autant chez les individus que chez les coussins.

- Les rameaux de *S. flavicomans* sont plus longs que ceux de *S. subfulvum*.

- *S. subfulvum* forme des coussins ressemblant à ceux de *S. fuscum*, mais ils sont plus mous et de structure moins serrée.

- *S. subfulvum* possède un capitulum beaucoup plus vert-jaune ou orange-brun que *S. fuscum*.

- La feuille caulinaire de *S. subfulvum* est plus aiguë que celle de *S. fuscum*.

- Voir la note dans la description de *S. fuscum*.

Biotope

- Buttes basses (se trouvant optimalement à 10 à 15 cm au-dessus de la nappe phréatique).

Habitat

- Fens modérément riches à riches; espèce très commune en tourbières structurées. Rochers suintants. Milieux riverains.

Caractères de terrain (macroscopiques)

- Espèce du sous-genre *Acutifolia* dite « brune », avec **tige** brune (**plante** brun doré à vert).
- Couleur verte au milieu du **capitulum** et brune sur le pourtour.
- Apparence huileuse.

Spécimen séché

Feuille raméale séchée
(lustre métallique)

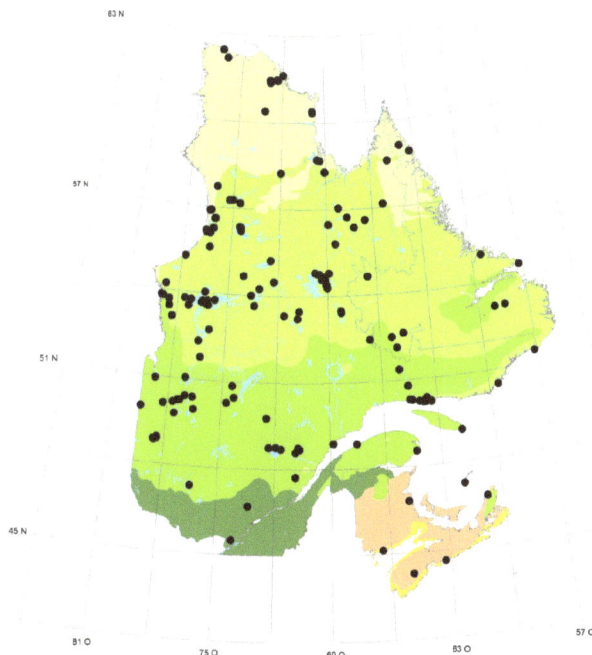

🔬 **Caractères microscopiques**

- **Feuilles caulinaires** à apex 6-7 denté (lorsque bien étalé à plat); hyalocystes fibrilleux et poreux distribués sur presque toute la longueur de la feuille.

  - **face concave :**

    → **Près des marges du tiers supérieur de la feuille :** hyalocystes avec de nombreux grands pores ronds libres et d'autres touchant aux commissures;

    → **Près de la base de la feuille :** nombreux hyalocystes avec de grands pores fenestrés (visibles même à faible grossissement).

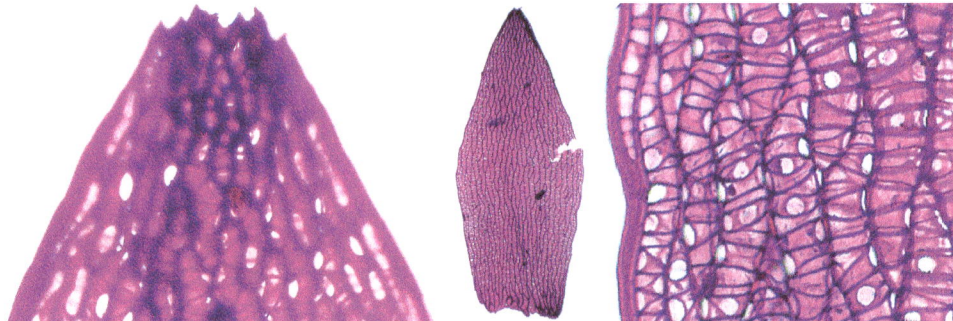

Marge (tiers supérieur)

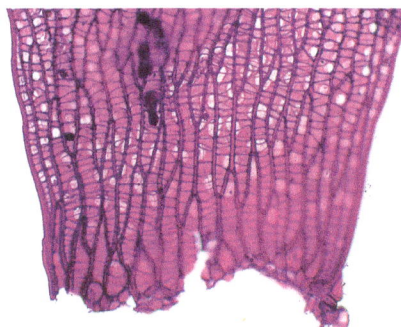

Base

  - **face convexe** à hyalocystes avec de nombreux pores annelés elliptiques près des commissures.

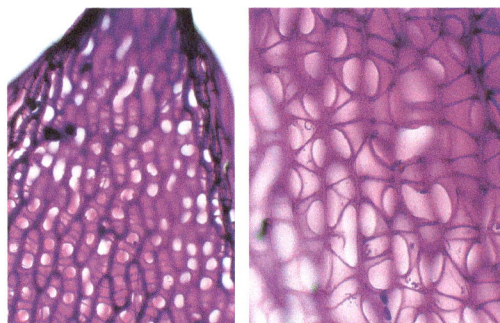

- Les **feuilles raméales** n'ont pas de caractéristiques diagnostiques utiles autres que celles présentées en début de sous-genre ou dans la clé.

 Biotope

- Forme des tapis en tourbières. Bordure de mares ou carrément dans les mares. Directement au sol sur l'humus. Une récolte provenait d'une butte.

 Habitat

- Bogs arborés ou bogs ouverts à *Sphagnum fuscum*. Pessières à sphaignes ou à mousses hypnacées. Anciens chemins forestiers. Dans le Nord, alternance de landes tourbeuses et rocheuses basses.

 Caractères de terrain (macroscopiques)

Spécimen séché

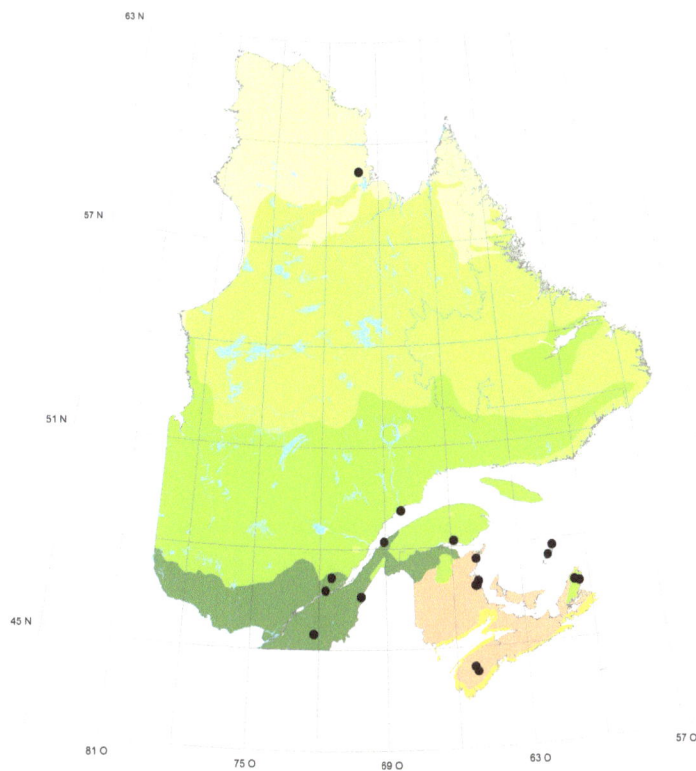

Spécimens dans la nature
© Blanka Aguaro

Caractères microscopiques

- **Feuilles raméales** nettement plus courtes que les feuilles caulinaires; à apex nettement tronqué et pluridenté; à hyalocystes avec 2-6 grands pores nettement annelés.

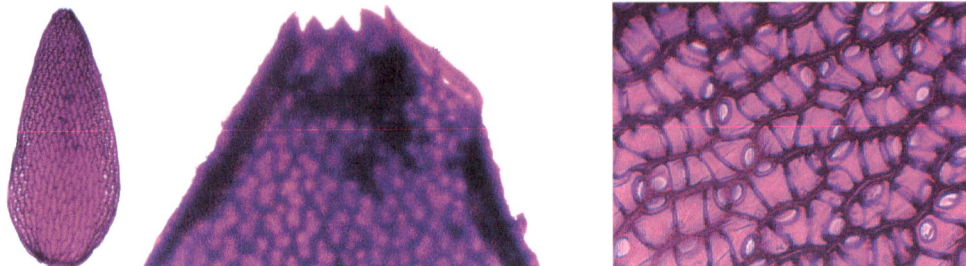

Feuille raméale   face convexe

- **Feuilles caulinaires** lingulées à lingulées-triangulaires, souvent érodées à l'apex, se déchirant très facilement lors du prélèvement en raison de la faiblesse des parois.

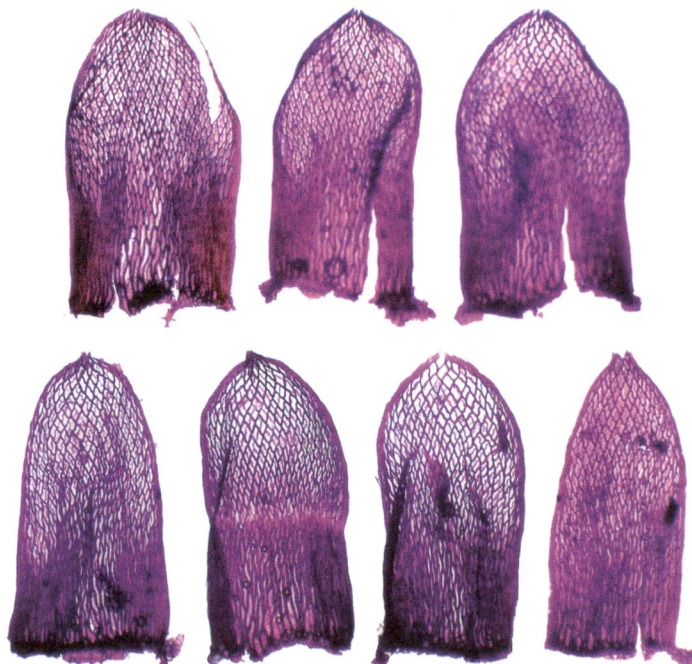

Différences entre les espèces semblables

- *Sphagnum venustum*, *S. russowii* et *S. capillifolium* occupent des habitats semblables, mais les tiges de *S. capillifollium* et de *S. russowii* sont rouges et non brunes.

- *S. warnstorfii*, sous sa forme verte, peut ressembler à *S. venustum*, mais les feuilles raméales de *S. venustum* ont un apex pluridenté et elles ne sont pas clairement alignées en rangées longitudinales.

- Comparé à *S. venustum*, *S. angermanicum* est surtout vert avec parfois un peu de rose, avec des feuilles raméales tronquées-dentées plus marquées et ayant des feuilles caulinaires plus larges et plus lingulées-spatulées.

Biotope

- Tapis, platières ou buttes basses. Se retrouve aussi au bord des mares.

Habitat

- Fens pauvres soligènes ou topogènes. Pessières à épinette noire. Espèce boréale pigmentée de brun du sous-genre *Acutifolia* montrant une préférence pour les habitats minérotrophes (pauvres). Cette espèce est commune (dans son habitat) et vraisemblablement récoltée depuis longtemps, au moins dans le nord-est de l'Amérique du Nord.

Caractères de terrain (macroscopiques)

- **Plante** menue, d'apparence faible et lâche, marbrée de brun et de vert, avec un **bourgeon apical** visible.
- **Plante** majoritairement verte avec des pigments bruns au niveau de la **tige**, des **rameaux** et des **capitula**.
- Les **rameaux divergents** des fascicules situés juste sous le capitulum sont souvent dimorphes, composés de courts rameaux obtus et bruns et de longs rameaux aux extrémités blanchâtres.

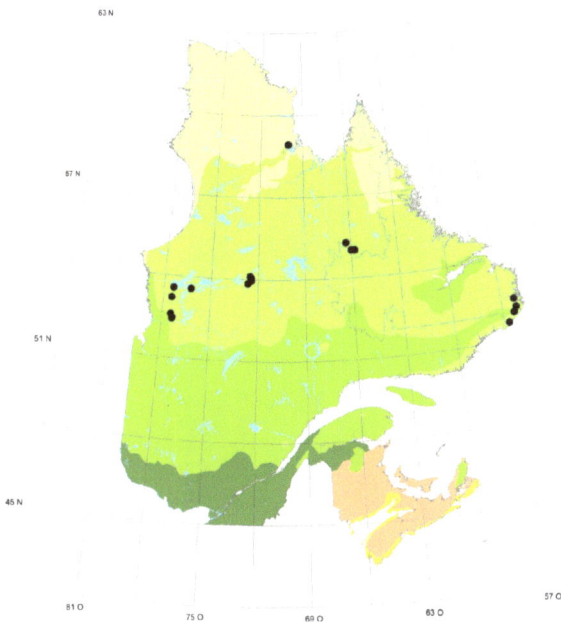

© Marianne White

Caractères microscopiques

- **Feuilles raméales** (face convexe, partie apicale) à hyalocystes avec de très petits pores annelés (dont certains libres des commissures), se changeant abruptement en gros pores elliptiques à partir du centre de la feuille en se dirigeant vers la base.

Feuille raméale

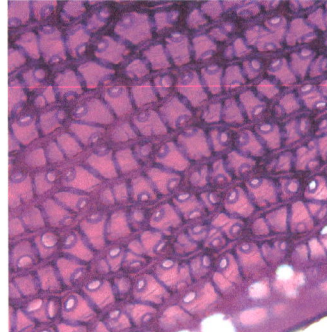

Pores annelés
(partie apicale de la feuille, f. convexe)

- **Feuilles caulinaires** triangulaires-lingulées à lingulées; apex large-arrondi à étroitement tronqué; hyalocystes avec ou sans fibrilles, 0-1-septés.

- **Tige** à cellules corticales sans aucun pore ni fibrille.

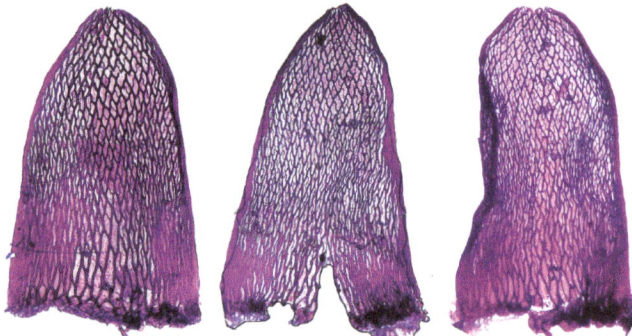

Feuilles caulinaires

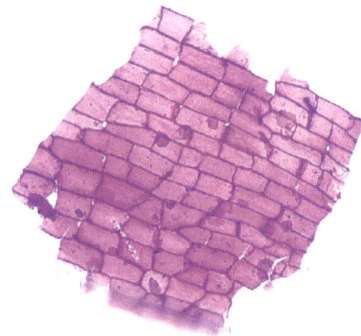

Cortex (tige)

Différences entre les espèces semblables

- *Sphagnum warnstorfii* se reconnaît à coup sûr par ses feuilles raméales, nettement alignées en rangées longitudinales, que ce soit à l'état sec ou humide, à hyalocystes (face convexe, près de l'apex) avec de minuscules pores annelés très différents de ceux situés dans la portion médiane de la feuille.

- Lorsqu'on compare *Sphagnum warnstorfii* à un gros *S. rubellum*, on note que les rameaux sont plus érigés et droits chez *S. warnstorfii*.

Biotope

- Tapis lâche sur platières et buttes basses.

Habitat

- Espèce de milieux fortement minérotrophes, commune dans les fens modérément riches à riches. Se rencontre fréquemment dans les aulnaies, cédrières, mélézins, pessières à sphaignes, sapinières, et saulaies. Milieux riverains. Toundra.

Caractères de terrain (macroscopiques)

- La **tige est** visible à travers les rameaux et est rouge ou tachetée de rouge.
- **Capitulum** plat, étoilé avec **bourgeon apical** visible.
- La combinaison des **feuilles raméales** nettement alignées en rangées sur la tige et un habitat minérotrophe (fen riche) singularisent aisément cette espèce.
- **Plante** vert foncé à l'ombre et rouge foncé à rouge-pourpre en milieu ouvert.
- Quand les **feuilles raméales** s'assèchent, elles pèlent en se recourbant par rapport à la tige.
- Les **rameaux divergents** des faisceaux situés juste sous le capitulum sont souvent dimorphes, composés de courts rameaux obtus et bruns avec la présence de longs rameaux aux extrémités blanchâtres.

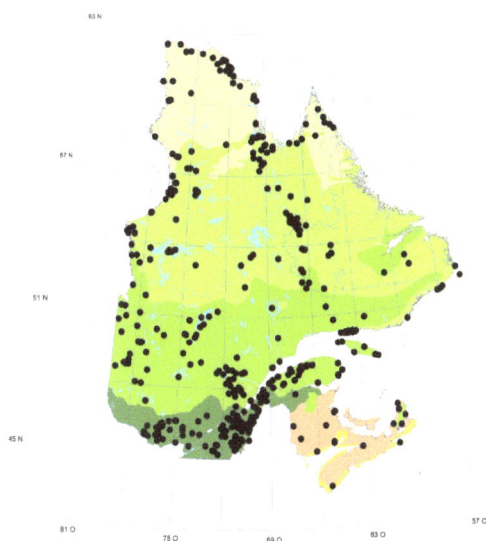

Feuilles raméales alignées en rangées longitudinales

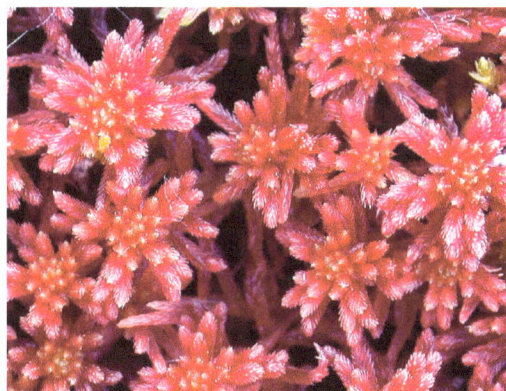

Caractères microscopiques

- **Feuilles caulinaires** triangulaires-lingulées, beaucoup plus petites que les feuilles raméales.

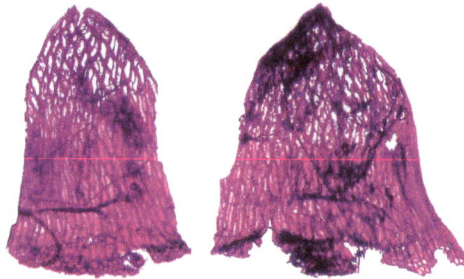

- **Feuilles raméales** ovées-lancéolées; apex involuté; chlorocystes elliptiques à tronqués-elliptiques en coupe transversale, également exposés vers les deux surfaces.

Feuilles raméales

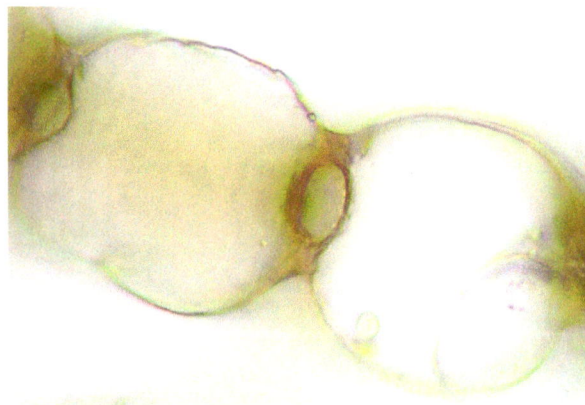

(c. t.)

Biotope

- Forme des tapis lâches et des buttes basses sur humus, sur d'anciens troncs d'arbres ou des souches en état avancé de décomposition.

Habitat

- Habitats conifériens minérotrophes, à l'ombre. Cédrières, sapinières, pessières à sphaignes. Occasionnellement dans les aulnaies ou les saulaies. Rarement en milieux ouverts.

Caractères de terrain (macroscopiques)

- **Rameaux** divergents et rameaux pendants groupés en fascicules de 6 ou plus (la seule de toutes les espèces à avoir cette caractéristique).

- **Capitulum** dense, pratiquement sphérique.

- **Tige** âgée brune à noire, rigide, quasi ligneuse, se cassant brusquement même chez les spécimens frais.

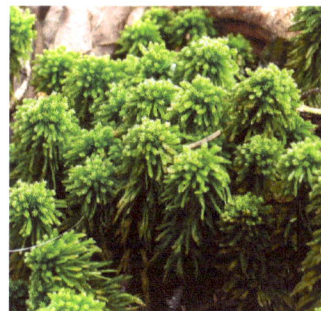

Nombreux rameaux par faisceau (de 6 à 14).

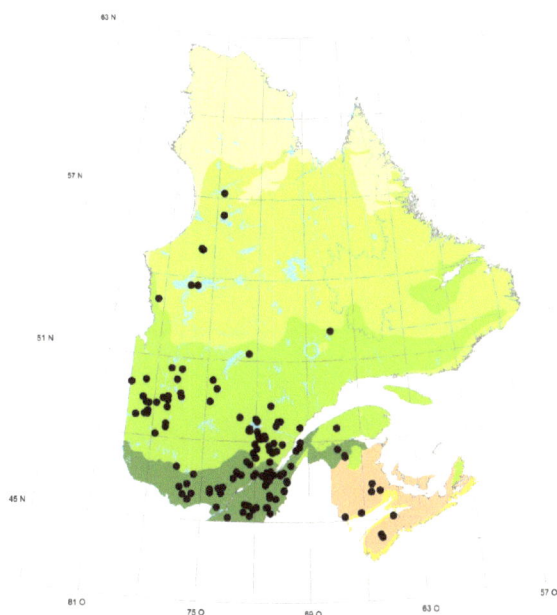

S. angermanicum

S. arcticum

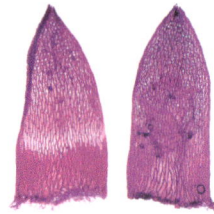

S. capillifolium

Plante brune à brun pâle

S. concinnum

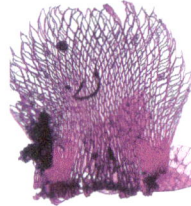

Plante verte

S. fimbriatum

S. flavicomans

S. fuscum

S. girgensohnii

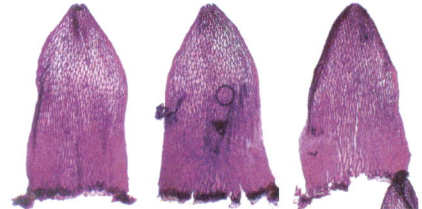

S. olafii

S. quinquefarium

S. rubellum

S. rubiginosum

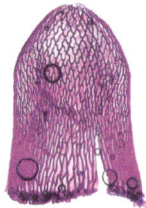

S. russowii

S. subfulvum

S. tenerum

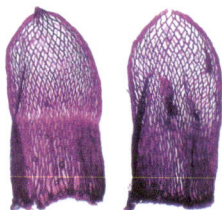

S. venustum

S. warnstorfii

S. wulfianum

Feuille caulinaire

Fascicules

S. aongstroemii

Feuilles raméales

Feuille caulinaire

S. molle

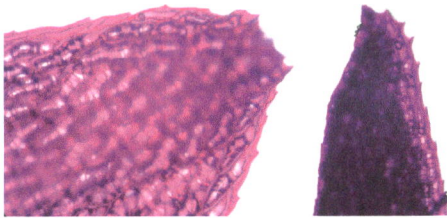

Feuilles raméales

F. raméale (c. t.)

Sphagnum warnstorfii

Sphagnum warnstorfii (rouge) et *Sphagnum fuscum* (brune)

Bibliographie

ALLEN, B. 2001. The genus *Sphagnum* sections Sphagnum, Rigida, Squarrosa, and Isocladus (Musci, *Sphagnaceae*) in Maine. Evansia 18: 109-127.

ALLEN, B. 2005. Maine mosses: *Sphagnaceae*-Timmiaceae. The New York Botanical Garden Press, Bronx, New York. 419 p.

ANDERSON, L. E., A. J. SHAW & B. SHAW. 2009. Peat mosses of the Southeastern United States. Memoirs of the New York Botanical Garden, vol. 102. The New York Botanical Garden Press, Bronx, New York. 110 p.

ANDREWS, A. L. 1913. Sphagnales-Bryales, *Sphagnaceae*. North American Flora, Series 1, vol. 15, no. 1. The New York Botanical Garden, New York. 31 p.

ANDREWS, A. L. 1958. Notes on American *Sphagnum*. X. Review. The Bryologist 61: 269-276.

ANDREWS, A. L. 1959. Notes on North American *Sphagnum*. *Sphagnum subsecundum*. The Bryologist 62: 87-96.

ANDREWS, A. L. 1960. Notes on North American *Sphagnum*. XII. *Sphagnum cyclophyllum*. The Bryologist 63: 229-234.

ANDRUS, R. E. 1979. *Sphagnum subtile* (Russow) Warnst. and allied species in North America. Systematic Botany 4: 351-362.

ANDRUS, R. E. 1980. *Sphagnaceae* (peat moss family) of New York State. Contributions to the Flora of New York State III. New York State Museum Bulletin, no. 442, New York. 89 p.

ANDRUS, R. E. 1987 [1988]. Nomenclatural changes in *Sphagnum imbricatum* sensu lato. The Bryologist 90: 217-220.

ANDRUS, R. E. 2006. Six new species of *Sphagnum* (Bryophyta: *Sphagnaceae*) from North America. SIDA, contributions to botany 22: 959-972.

AYOTTE, G. 1994. Glossaire de botanique : Autoformation. Éditions MultiMondes, Sainte-Foy. 616 p.

BASTIEN, D.-F. & M. GARNEAU. 1997. Clé d'identification macroscopique de 36 espèces de sphaignes de l'est du Canada. Commission géologique du Canada. Rapport divers 61. Ressources naturelles Canada, Ottawa. 43 p.

BRAITHWAITE, R. 1880. The *Sphagnaceae* or peat-mosses of Europe and North America. David Bogue, Londres. 91 p. + 29 pl.

BRYAN, V. 1955. Chromosome studies in the genus *Sphagnum*. The Bryologist 58: 16-39.

BUTEAU, P. N. DIGNARD & P. GRONDIN. 1994. Système de classification des milieux humides du Québec. Ministère des Ressources naturelles du Québec, Secteur des Mines, Québec. 25 p.

CAO, T. & D. H. VITT. 1986. Spore surface structure of *Sphagnum*. Nova Hedwigia 43: 191-220.

CARDOT, J. 1897. Répertoire sphagnologique. Bulletin de la Société d'histoire naturelle d'Autun 10: 234-432.

CRONBERG, N. 1997. Genotypic differentiation between the two related peat mosses, *Sphagnum rubellum* and *S. capillifolium* in northern Europe. Journal of Bryology 19: 715-729.

CRONBERG, N. 1998. Population structure and interspecific differentiation of the peat moss sister species *Sphagnum rubellum* and *S. capillifolium* (*Sphagnaceae*) in northern Europe. Plant Systematics Evolution 209: 139-158.

CRUM, H. 1984. Sphagnopsida. *Sphagnaceae*. North American Flora. Series II, Part 11. The New York Botanical Garden, New York. 180 p.

CRUM, H. 1997. A seasoned view of North American *Sphagna*. Journal of Hattori Botanical Laboratory 82: 77-98.

CRUM, H. A. & L. E. ANDERSON. 1981. Mosses of Eastern North America. Vol. 1. Columbia University Press, New York. 663 p. (Pour Sphagnopsida, voir p. 21-66.)

CRUM, H. & L. E. ANDERSON. 1994. A deviant expression of *Sphagnum tenerum* from the Virginia tidewater and the Dominican Republic. The Bryologist 97: 280-283.

DANIELS, R. E. & A. EDDY. 1985. Handbook of European Sphagna. Institute of Terrestrial Ecology, Natural Environment Research Council, Huntingdon. 262 p.

DISMIER, G. 1927. Flore des sphaignes de France. Archives de Botanique, Tome 1, Mémoire n° 1. Caen. 64 p.

FAUBERT, J. 2007. Catalogue des bryophytes du Québec et du Labrador. Mémoires de l'Herbier Louis-Marie. Université Laval, Québec. Provancheria N° 30. 138 p.

FAUBERT, J., G. AYOTTE, R. GAUTHIER & L. ROCHEFORT. 2013. *Sphagnaceae*. P. 5-73 *in* Faubert, J. (éd.). Flore des bryophytes du Québec-Labrador. Volume 2 : Mousses, première partie. Société québécoise de bryologie, Saint-Valérien.

FAUBERT, J., J. GAGNON & R. GAUTHIER, 2012. Les bryophytes de la région du lac Assinica, Québec nordique. Carnets de bryologie 2: 20-47.

FAUBERT, J., J. GAGNON, P. BOUDIER, C. ROY, R. GAUTHIER, N. DIGNARD, D. BASTIEN, M. LAPOINTE, N. DÉNOMMÉE, S. PELLERIN & H. RHÉAULT. 2011. Bryophytes nouvelles, rares et remarquables du Québec-Labrador. Herbier du Québec, Direction de la recherche forestière, Ministère des Ressources naturelles et de la faune, Québec. 187 p.

FAUBERT, J., B. TARDIF & M. LAPOINTE. 2010. Les bryophytes rares du Québec. Espèces prioritaires pour la conservation. Centre de données sur le patrimoine naturel du Québec (CDPNQ). Gouvernement du Québec, Ministère du Développement durable, de l'Environnement et des Parcs, Direction du patrimoine écologique et des parcs, Québec. 146 p.

FLATBERG, K. I. 1983. Typification of *Sphagnum capillifolium* (Ehrh.) Hedw. Journal of Bryology 12: 503-507.

FLATBERG, K. I. 1984a. A taxonomic revision of the *Sphagnum imbricatum* complex. Det Kongelige Norske Videnskabers Selskab 3: 1-80.

FLATBERG, K. I. 1984b. *Sphagnum arcticum* sp. Nov. The Bryologist 87:143-148.

FLATBERG, K. I. 1985. Studies in *Sphagnum subfulvum* Sjörs, and related morphotypes. Lindbergia 11: 38-54.

FLATBERG, K. I. 1987. Taxonomy of *Sphagnum majus* (Russ.) C. Jens. Det Kongelige Norske Videnskabers Selskab 2: 1-42.

FLATBERG, K. I. 1988a. Taxonomy of *Sphagnum annulatum* and related species. Annales Botanici Fennici 25: 303-350.

FLATBERG, K. I. 1988b. *Sphagnum viridum* sp. nov. and its relation to *S. cuspidatum*. Det Kongelige Norske Videnskabers Selskab 1: 1-64.

FLATBERG, K. I. 1989. *Sphagnum* (Cuspidata) *pacificum*, sp. nov. The Bryologist 92: 116-119.

FLATBERG, K. I. 1992a. The European taxa in the *Sphagnum recurvum* complex. 1. *Sphagnum isoviitae* sp. nov. Journal of Bryology 17: 1-13.

FLATBERG, K. I. 1992b. The European taxa in the *Sphagnum recurvum* complex. 2. Amended description of *Sphagnum brevifolium* and *S. fallax*. Lindbergia 17: 96-110.

FLATBERG, K. I. 1993a. *Sphagnum rubiginosum* (Sect. Acutifolia), sp. nov. Lindbergia 18: 59-70.

FLATBERG, K. I. 1993b. *Sphagnum olafii* (Sect. Acutifolia), a new peat-moss from Svalbard. Journal of Bryology 17: 613-620.

FLATBERG, K. I. 1994a. The Norwegian Sphagna: a field colour guide. Norges Teknisk-Naturvitenskapelige Universitet, Rapport Botanisk serie 1994-3. Vitenskapsmuseet, Trondheim. 42 p.

FLATBERG, K. I. 1994b. *Sphagnum tundrae*, a new species in Sect. *Squarrosa* from the Arctic. Lindbergia 19: 3-10.

FLATBERG, K. I. 2002. The Norwegian Sphagna: a field colour guide. Norges Teknisk-Naturvitenskapelige Universitet, Rapport Botanisk serie 2002-1. Vitenskapsmuseet, Trondheim. 44 p. + 54 pl.

FLATBERG, K. I. 2003. Taxonomy and geography of *Sphagnum tundrae* with a description of *S. mirum,* sp. nov. (*Sphagnaceae*, sect. *Squarrosa)*. The Bryologist 106: 501-515.

FLATBERG, K. I. 2007a. Contributions to the Sphagnum flora of West Greenland, with *Sphagnum concinnum* stat. et sp. nov. Lindbergia 32: 88-98.

FLATBERG, K. I. 2007b. *Sphagnum tescorum* (Bryophyta), a new species in sect. *Acutifolia* from the Beringian region. Lindbergia 32: 99-110.

FLATBERG, K. I. 2008. *Sphagnum venustum* (Bryophyta), a noticeable new species in sect. *Acutifolia* from Labrador, Canada. Lindbergia 33: 2-12.

FLEURBEC. 1987. Plantes sauvages des lacs, rivières et tourbières. Fleurbec éditeur, Saint-Augustin. 400 p.

FLORA OF NORTH AMERICA EDITORIAL COMMITTEE. 2007. Flora of North America North of Mexico. Volume 27, Bryophytes: Mosses. Part 1. Oxford University Press, Oxford. 713 p.

GAGNON, J. & R. GAUTHIER, 2013. Les bryophytes du nord-est de la péninsule d'Ungava, Nunavik, Québec. Carnets de bryologie 3: 13-27.

GAUTHIER, R. 1968. A *Sphagnum* collection from Norrbotten, Northern Sweden. Botaniska Notiser 121 : 121-130.

GAUTHIER, R. 1971. Étude de cinq tourbières du Bas-Saint-Laurent. Étude spéciale n° 10, Ministère des Richesses naturelles, Direction générale des mines, Service des gîtes minéraux, Québec. 25 p.

GAUTHIER, R. 1977. La tourbière du lac Barrette. P. 70-87 *in* Grandtner, M. M. (éd.), Association internationale de phytosociologie : Guide de l'excursion internationale nord-américaine, 2e édition, Québec méridional, Canada, du 9 au 19 juin 1976. Université Laval, Québec.

GAUTHIER, R. 1980. La végétation des tourbières et les sphaignes du parc des Laurentides, Québec. Études écologiques 3. Laboratoire d'écologie forestière. Université Laval, Québec. 634 p.

GAUTHIER, R. 1981. La végétation et la flore de quelques tourbières de l'Anticosti-Minganie. Rapport d'exploration présenté à Hydro-Québec. Département de phytologie, Université Laval, Sainte-Foy. 104 p.

GAUTHIER, R. 1985. Contribution à la connaissance des sphaignes (*Sphagnum*) du Québec-Labrador, 2 : Le *Sphagnum lenense* H. Lindberg in Pohle. Contribution de l'Herbier Louis-Marie, Université Laval, Québec. Ludoviciana No. 24. (Extrait de Cryptogamie, Bryologie et Lichénologie 6 : 379-392.)

GAUTHIER, R. 1986. Some Sphagna from Great Wass Island, Maine. Evansia 3(2): 17-20.

GAUTHIER, R. 1988. Main peatland vegetation units in the Laurentides Park. P. 108-116 *in* Proceedings of the 8th International Peat Congress, Leningrad, U.S.S.R., August 14-21 1988, Vol 1. International Peat Society, Jyväskylä.

GAUTHIER, R. 1993. La flore de la tourbière la Grande plée Bleue. Le Lien (Société de conservation et de mise en valeur de la Grande plée Bleue) : 1-6.

GAUTHIER, R. 1995. Étude préliminaire de la flore vasculaire du parc des Monts-Valin : les hauts sommets et le canyon de la rivière Sainte-Marguerite. Ministère de l'Environnement et de la Faune, Direction du plein air et des parcs, Gouvernement du Québec. 149 p.

GAUTHIER, R. 1996. Tourbière du lac Barrette : p. 9-13; Tourbière du lac Pikauba : p. 14-18; Tourbière de Péribonka : p. 36-40; Tourbière de Rivière-Ouelle : p. 55-61; Tourbière La Grande Plée Bleue : p. 66-71 *in* Lavoie, C. (éd.). Quatrième Colloque canadien annuel sur la restauration des tourbières. Guide des excursions sur le terrain. Université Laval, Québec. 75 p.

GAUTHIER, R. 1998. Les herbiers au Québec. Le Naturaliste canadien 112(1): 26-31.

GAUTHIER, R. 1999. La tourbière vierge ou tourbière naturelle. P. 1-6 *in* Guide de la visite d'écosystèmes agricoles. Tourbière Smith, Rivière Boyer. Département de phytologie, Université Laval, Québec.

GAUTHIER, R. 2000. Les tourbières boréales des Laurentides – Guide d'excursion. Québec 2000 : Événement du millénaire sur les terres humides, excursion scientifique et technique, 9 août. Gouvernement du Québec, Ministère de l'Environnement et Ministère des Ressources naturelles, Québec. 22 p.

GAUTHIER, R. 2001a. Les sphaignes. P. 91-127 *in* Payette, S. et L. Rochefort (éd.). Écologie des tourbières du Québec-Labrador. Les Presses de l'Université Laval, Québec. 621 p.

GAUTHIER, R. 2001b. Les sphaignes boréales. Le Naturaliste canadien 125: 180-185.

GAUTHIER, R. 2009. Bryophytes observées dans le territoire du projet de parc national Assinica en juillet 2004. Rapport présenté à la Direction de la planification des Parcs du Québec, 17 p.

GAUTHIER, R. 2010. Gros plan sur les sphaignes. Quatre-Temps 34(3): 30-33.

GAUTHIER, R., 2016. Bryophytes observées en 1965-1966 dans cinq tourbières du Bas-Saint-Laurent (Québec, Canada). Version du 26 février 2016. Lepagea n° 12: 1-6.

GAUTHIER, R. & L. BOUDREAU. 2001. Plantes observées dans les tourbières des environs de Québec lors du Rendez-vous botanique 2000. Documents floristiques n° 4. Herbier Louis-Marie, Université Laval, Québec. 19 p.

GAUTHIER, R. & N. DIGNARD. 2000. La végétation et la flore du projet de parc des Pingualuit, Nunavik, Québec. Rapport préparé pour la Société de la faune et des parcs du Québec, Direction des parcs québécois, Gouvernement du Québec, Québec. 96 p. + annexe.

GAUTHIER, R. et J.-P. DUCRUC. 1984. Contribution à la connaissance des sphaignes (*Sphagnum*) du Québec-Labrador, 1. Première mention du *Sphagnum aongstroemii* C. Hartm. au Québec. Contribution de l'Herbier Louis-Marie, Université Laval, Québec. Ludoviciana N°. 21. (Extrait du Naturaliste canadien 111: 241-244.)

GAUTHIER, R. & M. M. GRANTNER. 1975. Étude phytosociologique des tourbières du Bas-Saint-Laurent, Québec. Le Naturaliste canadien 102: 109-153.

GAUTHIER, R., J. GAGNON & J. FAUBERT. 2006. Flore bryologique du territoire du projet de parc national des Lacs-Guillaume-Delisle-et-à-l'Eau-Claire, Nunavik, Québec. Administration régionale Kativik, Kuujjuaq, Nunavik, Québec. 101 p.

GAUTHIER, R., M. GARNEAU & C. ROY. 1998. Rapport d'herborisation sur la Côte-Nord du fleuve Saint-Laurent en juillet 1996. Documents floristiques n° 2. Herbier Louis-Marie, Université Laval, Québec. 31 p.

GOFFINET, B. & A. J. SHAW (éd.). 2009. Bryophyte biology, 2nd edition. Cambridge University Press, Cambridge. 565 p.

HASSEL, K., M. O. KYRKJEEIDE, N. YOUSEFI, T. PRESTØ, H. K. STENØIEN, J. A. SHAW & K. I. FLATBERG. 2018. *Sphagnum divinum* (*sp.nov.*) and *S. medium* Limpr. and their relationship to *S. magellanicum* Brid. Journal of Bryology 40(3): 197-222.

HILL, M. O., 2017. *Sphagnum fuscum* and *Sphagnum beothuk* in Britain and Ireland. Field Bryology 117 (May): 24-30.

HILL, M. O., N. BELL, M. A. BRUGGEMAN-NANNENGA, M. BRUGUÉS, M. J. CANO, J. ENROTH, K. I. FLATBERG, J.-P. FRAHM, M. T. GALLEGO, R. GARILLLETI, J. GUERRA, L. HEDENÄS, D. T. HOLYOAK, J. HYVÖNEN, M. S. IGNATOV, F. LARA, V. MAZIMPAKA, J. MUNOZ & L. SÖDERSTRÖM. 2006. An annotated checklist of the mosses of East Europe and North Asia. Arctoa 15: 1-130.

IRELAND, R. R. 1982. Moss flora of the Maritime Provinces. Publications in Botany no. 13. Natural Museum of Natural Sciences, Ottawa. 738 p.

ISOVIITA, P. 1966. Studies on *Sphagnum* L. I. Nomenclatural revision of the European taxa. Annales Botanici Fennici 3: 199-264.

KARLIN, E. F., M. M. GIUSTI, R. A. LAKE & A. J. SHAW. 2010. Microsatellite analysis of *Sphagnum centrale*, *S. henryense*, and *S. palustre* (*Sphagnaceae*). The Bryologist 113: 90-98.

KYRKJEEIDE, M. O., K. HASSEL, H. K. STENØIEN, T. PRESTØ, E. BOSTRÖM, A. J. SHAW & K. J. FLATBERG. 2015. The dark morph of *Sphagnum fuscum* (Schimp.) H. Klinggr. in Europe is conspecific with the North American *S. beothuk*. Journal of Bryology 37: 251-266.

KYRKJEEIDE, M. O., K. HASSEL, B. SHAW, A. J. SHAW, E. M. TEMSCH & K. I. FLATBERG. 2018. *Sphagnum incundum* a new species in *Sphagnum* subg. *Acutifolia* (*Sphagnaceae*) from boreal and arctic regions of North America. Phytotaxa 333: 001-021.

LAINE, J., P. HARJU, T. TIMONEN, A. LAINE, E.-S. TUITTILA, K. MINKKINEN & H. VASANDER. 2009. The intricate beauty of *Sphagnum* mosses: a Finish guide to identification. University of Helsinki Department of Forest Ecology Publications 39. Department of Forest Ecology, University of Helsinki, Helsinki. 190 p.

LANGE, B. 1982. Key to northern boreal and arctic species of *Sphagnum*, based on characteristics of the stem leaves. Lindbergia 8: 1-29.

LANGE, B. 1993. Distribution of *Sphagnum arcticum* and *S. subfulvum* in Greenland and on Svalbard. Lindbergia 18 : 3-6.

LAVOIE, G. 1984. Contribution à la connaissance de la flore vasculaire et invasculaire de la Moyenne-et-Basse-Côte-Nord, Québec/Labrador. Mémoires de l'Herbier Louis-Marie. Université Laval, Québec. Provancheria N° 17. 149 p.

LAVOIE, G. & R. GAUTHIER. 1983. Précisions sur la distribution de *Sphagnum angermanicum* Melin et *Sphagnum pylaesii* Bridel au Québec-Labrador. Le Naturaliste canadien 110: 421-427.

LÖNNELL, N. 2017. *Sphagnum beothuk* new to Sweden. Lindbergia 40: 11-13.

MAASS, W. S. G. 1967. Studies on the taxonomy and distribution of *Sphagnum* V. A new species of *Sphagnum* from Quebec. The Bryologist 70: 193-196.

MALCOLM, B. & N. MALCOLM. 2006. Mosses and other Bryophytes: an illustrated glossary. Second Edition. Micro-optics Press, Nelson. 336 p.

MAXIMOV, A. I. 2007. *Sphagnum imbricatum* complex (*Sphagnaceae*, Bryophyta) in Russia. (Комплекс *Sphagnum imbricatum* (*Sphagnaceae*, Bryophyta) В России). Arctoa 16: 25-34.

McQUEEN, C. B. 1985. Spore morphology of four species of *Sphagnum* in section Acutifolia. The Bryologist 88: 1-4.

McQUEEN, C. B. 1988. Growth and development of *Sphagnum subtile* protonemata. Evansia 5: 17-21.

McQUEEN, C. B. 1989. A biosystematic study of *Sphagnum capillifolium* sensu lato. The Bryologist 92: 1-24.

McQUEEN, C. B. 1990. Field guide to the peat mosses of boreal North America. University Press of New England, Hanover , New Hampshire. 138 p.

McQUEEN, C. B. 1998. Macroscopic key to *Sphagnaceae* of North America. Evansia 15: 1-11.

McQUEEN, C. B. & R. E. ANDRUS. 2007. *Sphagnaceae*. P. 45-101 *in* Flora of North America Editorial Committee. Flora of North America North of Mexico. Volume 27, Bryophytes: Mosses, part 1. Oxford University Press, Oxford.

MOGENSEN, G. S. (éd.). 1986. Illustrated moss flora of Arctic North America and Greenland. 2. *Sphagnaceae*. Meddelelser om Grønland, Bioscience, vol. 18. The Commission for Scientific Research in Greenland, Copenhague. 61 p.

NYHOLM, E. 1969. Illustrated moss flora of Fennoscandia. Swedish Natural Science Research Council, Stockholm. 799 p.

PAYETTE, S. 1983. The forest-tundra and present tree-lines of the northern Quebec-Labrador Peninsula. Nordicana 47: 3-23.

PAYETTE, S. & L. FILION. 1993. Origin and significance of subarctic patchy podzolic soils and paleosols. Arctic and Alpine Research 25: 267-276.

PAYETTE, S., A. LÉGÈRE & R. GAUTHIER. 1978. La flore vasculaire de la région du lac Minto, Nouveau-Québec. Mémoires de l'Herbier Louis-Marie. Université Laval, Québec. Provancheria N° 8. 38 p.

ROCHEFORT, L., R. GAUTHIER & D. LEQUERÉ. 1994. *Sphagnum* regeneration towards an optimisation of bog regeneration. P. 423-434 *in* Wheeler, B. D., S.C. Shaw, W. J. Fojt & R. A. Robertson (éd.). Restoration of temperate wetlands. John Wiley & Son Ltd, Chichester. 562 p.

SÅSTAD, S. M., K. I. FLATBERG & N. CRONBERG. 1999. Såstad, Flatberg et Cronberg (1999). Electrophoretic evidence supporting a theory of allopolyploid origin of the peatmoss *Sphagnum jensenii*. Nordic Journal of Botany 19: 355-362.

SAVICZ, L. 1936. *Sphagnales* Partis Europeae URSS. Institutum Botanicum, Academiae Scientiarum, Moscou. 105 p.

SAVICZ-LJUBITZKAJA, L. I. & Z. N. SMIRNOVA. 1968. Opredelitel' sfagnovych mchov SSSR (The Handbook of *Sphagnaceae* of the U.S.S.R.). The Komarov Botanical Institute, Éd. Nauka, Leningrad. 112 p.

SCHIMPER, W. Ph. 1858. Mémoire pour servir à l'histoire naturelle des sphaignes (*Sphagnum* L.). P. 1-97 *in* Mémoires présentés par divers savants à l'Académie des Sciences de l'Institut Impérial de France et imprimés par son ordre. Sciences mathématiques et physiques, Tome XV. Imprimerie impériale, Paris.

SHAW, J. & C. J. COX. 2005. Variation in "Biodiversity value" of peatmoss species in *Sphagnum* section *Acutifolia* (*Sphagnaceae*). American Journal of Botany 92: 1774-1783.

SHAW, J., C. J. COX & S. B. BOLES. 2000. Phylogeny of the Sphagnopsida based on chloroplast and nuclear DNA sequences. The Bryologist 103: 277-306.

SHAW, A. J., C. J. COX & S. B. BOLES. 2003. Polarity of peatmoss (*Sphagnum*) evolution: Who says bryophytes have no roots? American Journal of Botany 90: 1777-1787.

SHAW, J., C. J. COX & S. B. BOLES. 2004. Phylogenetic relationships among *Sphagnum* sections: *Hemitheca*, *Isocladus*, and *Subsecunda*. The Bryologist 107: 189-196.

SHAW, J., C. J. COX & S. B. BOLES. 2005. Phylogeny, species delimitation, and recombination in *Sphagnum* Section *Acutifolia*. Systematic Botany 30: 16-33.

SHAW, A. J., C. J. COX, W. R. BUCK, N. DEVOS, A. M. BUCHANAN, L. CAVE R. SEPPELT, B. SHAW, J. LARRAÍN, R. ANDRUS, J. GREILHUBER & E. M. TEMSCH. 2010a. Newly resolved relationships in an early land plant lineage: Bryophyta class Sphagnopsida (peat mosses). American Journal of Botany 97: 1511-1531.

SHAW, A. J., N. DEVOS, C. J. COX, S. B. BOLES, B. SHAW, A. M. BUCHANAN, L. CAVE, R. SEPPELT. 2010b. Peatmoss (*Sphagnum*) diversification associated with Miocene Northern Hemisphere climatic cooling? Molecular Phylogenetics and Evolution 55: 1139-1145.

SHAW, A. J., L. POKORNY, B. SHAW, M. RICCA, S. BOLES & P. SZÖVÉNYI. 2008. Genetic structure and genealogy in the *Sphagnum subsecundum* complex (*Sphagnaceae*: Bryophyta). Molecular Phylogenetics and Evolution 49: 304-317.

SHAW, A. J., B. SHAW, M. RICCA & K. I. FLATBERG. 2012. A phylogenetic monograph of the *Sphagnum subsecundum* complex (*Sphagnaceae*) in eastern North America. The Bryologist 115: 128-152.

SHAW, B., S. TERRACCIANO & J. SHAW. 2009. A genetic analysis of two recently described peat moss species, *Sphagnum atlanticum* and *S. bergianum* (*Sphagnaceae*). Systematic Botany 34: 6-12.

SIMS, R. A. & K. A. BALDWIN. 1996. *Sphagnum* species in Northwestern Ontario: A field guide to their identification. NODA/NFP Technical Report TR-30, NWST Technical Report TR-101. Natural Resources Canada, Canadian Forest Service, Great Lakes Forestry Centre, Sault Ste. Marie. 51 p. + annexes.

SJÖRS, H. M. 1944. *Sphagnum subfulvum*. Svensk Botanisk Tidskrift 38: 404.

SMITH, A. J. E. 1978. The moss flora of Britain & Ireland. Cambridge University Press, Cambridge, 706 p. (pour Sphagnopsida, voir p. 30-78).

THINGSGAARD, K. 2002. Taxon delimitation and genetic similarities of the *Sphagnum imbricatum* complex, as revealed by enzyme electrophoresis. Journal of Bryology 24: 3-15.

VELLAK, K., N. INGERPUU & E. KAROFELD. 2013. Eesti turbasamblad. The *Sphagnum* mosses of Estonia. University of Tartu, Tartu. 136 p.

VITT, D. H. & R. GAUTHIER. 1991. The distribution of North American bryophytes. The *Sphagnum imbricatum* Russ. complex. Evansia 8: 18-21.

WARNSTORF, C. 1911. Sphagnales – *Sphagnaceae* (Sphagnologia Universalis). P. 1-546 *in* Engler, H. G. A. (éd.). Das Pflanzenreich. Wilhelm Englemann, Leipzig.

WHITE, M. 2011. Première mention du *Sphagnum venustum* K. I. Flatberg (section *Acutifolia*) au Québec. Carnets de bryologie 1: 26-28.

Annexes

Annexe 1 :
Biologie – Anatomie – Morphologie[1]

Biologie : Cycle vital

Reproduction végétative

Toutes les bryophytes présentent un cycle vital où il y a alternance des générations gamétophytique et sporophytique. Toutefois, c'est le gamétophyte qui domine dans ce cycle vital. C'est lui qui perdure année après année, se multipliant de façon végétative, souvent par ramification dichotomique des tiges. Il finit souvent par couvrir de grandes surfaces en formant des tapis denses et compacts, alors que d'autres espèces se présentent plutôt en coussins ou croissent de façon plus clairsemée. Ces plantes que nous observons dans la nature sont des gamétophytes. La durée de vie du sporophyte est très brève et ne s'étend que sur une seule saison de croissance.

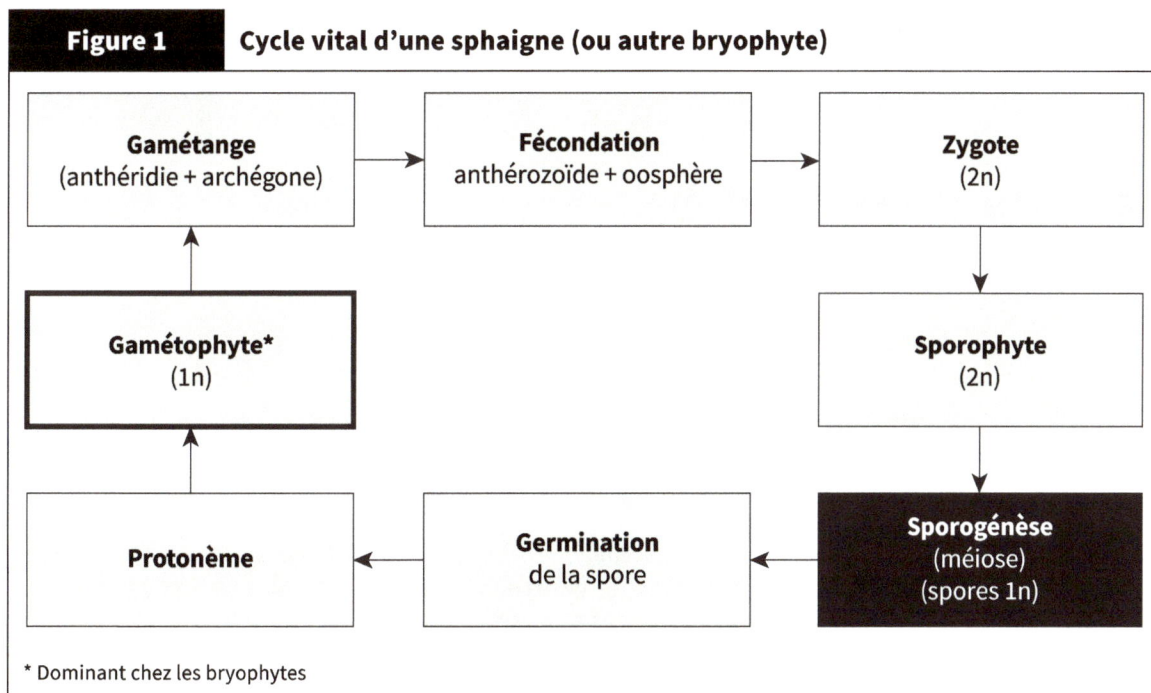

| **Figure 1** | **Cycle vital d'une sphaigne (ou autre bryophyte)** |

```
Gamétange              Fécondation              Zygote
(anthéridie + archégone)  →  anthérozoïde + oosphère  →  (2n)
     ↑                                                    ↓
Gamétophyte*                                          Sporophyte
(1n)                                                    (2n)
     ↑                                                    ↓
Protonème  ←  Germination  ←  Sporogénèse
              de la spore      (méiose)
                               (spores 1n)
```

* Dominant chez les bryophytes

Note : La germination de la spore produit un protonème, apparaissant comme un long filament, sur lequel se développera par bourgeonnement un nouveau gamétophyte.

Reproduction sexuée

Organe de reproduction mâle : anthéridie

Les anthéridies sont les organes de reproduction mâles. Elles apparaissent comme des structures globuleuses portées au bout d'un pédicelle long et délicat. Elles se développent à l'extrémité des rameaux qui prennent alors une forme de massue et une coloration souvent différente du reste de la plante. Les anthéridies sont très nombreuses et portées chacune à l'aisselle d'une **feuille**

---

[1] Adaptation des notes de cours de Robert Gauthier, Ph. D., professeur retraité.

anthéridiale souvent colorée différemment du reste de la plante, donnant ainsi sa coloration particulière à l'extrémité du rameau. Les anthéridies libéreront des **anthérozoïdes**, gamètes mâles motiles, qui éventuellement viendront féconder l'oosphère, gamète femelle, protégée à l'intérieur d'un archégone.

Rameaux anthéridiaux (couleur rougeâtre)

Feuilles anthéridiales laissant entrevoir les anthéridies (par transparence)

Organe de reproduction femelle : archégone

La structure de reproduction femelle est l'archégone. Il s'agit d'un organe en forme de bouteille composé d'une partie basale un peu renflée, le **ventre**, surmonté d'un **col**. Les archégones sont difficilement observables puisqu'ils sont souvent portés sur des **rameaux** insérés à travers l'enchevêtrement de tous les rameaux du **capitulum**.

L'archégone est constitué de trois parties :

1. Les **cellules du col**.

2. Les **cellules du canal du col**, qui vont par la suite se résorber pour donner naissance au canal, permettant ainsi au gamète mâle, l'**anthérozoïde**, d'atteindre et de féconder le gamète femelle, l'**oosphère**.

3. Les **cellules du ventre** qui forment un renflement contenant l'**oosphère** (4), le gamète femelle.

Après la fécondation commence le développement du **sporophyte** qui demeure sur le gamétophyte jusqu'à la libération des spores et même un peu après.

Archégone
d'une bryophyte

Le sporophyte

Le **sporophyte** est constitué de trois parties :

1. La **capsule** : globuleuse à cylindrique, surmontée d'un opercule dont l'ouverture permettra la libération des spores.

2. La **soie** : très courte, qui est une constriction entre la capsule et le pied.

> **Note :** Chez les sphaignes, le sporophyte est porté à l'extrémité d'un **pseudopode**. Cette structure se développe et s'allonge à la suite de la fécondation. Il est produit par le gamétophyte et permet au sporophyte de surgir à l'extérieur des feuilles archégoniales. Le **pseudopode** joue le même rôle que la soie d'origine sporophytique observée chez la majorité des autres bryophytes.

3. Le **pied** : partie renflée, à la base du sporophyte, soudée au sommet du pseudopode, il rattache le sporophyte au gamétophyte.

> **Note :** Le sporophyte des sphaignes porte une **calyptre** membraneuse, constituée des vestiges d'une partie de l'archégone. Elle est minuscule et apparaît comme une fine couche transparente couchée sur l'opercule. Peu observée, elle est sans doute balayée très tôt par les vents ou la pluie comme chez de nombreuses autres bryophytes.

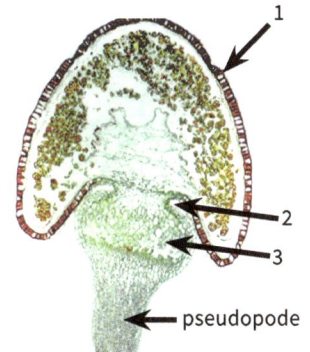

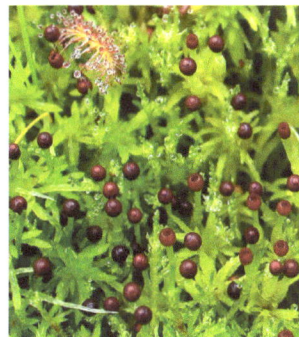

Habitats

Les sphaignes sont des plantes invasculaires qui croissent de façon préférentielle dans les milieux humides. Elles forment souvent de grandes colonies pures ou associées à d'autres bryophytes, à des plantes herbacées ou ligneuses. On les trouve aussi dans des milieux forestiers ou dans des arbustaies, telles les aulnaies humides, ou encore sur les rochers suintants ou près des sources. Les tourbières sont leur milieu de prédilection où elles croissent en tapis, en coussins ou en buttes. Certaines sphaignes aquatiques flottent librement dans les mares de ces mêmes tourbières et y forment souvent des tapis flottants.

Caractéristiques anatomiques et morphologiques : organisation d'une sphaigne

Le capitulum

Une sphaigne est principalement constituée d'un **capitulum** surmontant une **tige** portant des **rameaux** garnis de **feuilles**. Le **capitulum** forme une tête compacte qui occupe le sommet de la tige. Il est constitué d'un regroupement dense de rameaux en cours de développement autour d'un **bourgeon apical**, plus ou moins visible, où prennent naissance tous les organes. Le bourgeon apical est entouré de jeunes rameaux courts alternant avec des rameaux plus âgés. L'ensemble forme souvent une structure étoilée en vue verticale. Le degré de visibilité du bourgeon apical sert souvent de caractère diagnostique pour certaines espèces. On dira ainsi que le bourgeon apical est nettement visible ou proéminent, alors que pour une autre espèce il sera à peine décelable. Dans ce dernier cas, il peut être complètement perdu dans la masse enchevêtrée des rameaux en cours de développement.

Port
(vue latérale)

Capitulum
(vue latérale)

Capitulum
(vue verticale)

Note : *Sphagnum pylaesii* Bridel présente un capitulum réduit au seul bourgeon apical et *Sphagnum platyphyllum* (Braithwaite) Warnstorf peut parfois aussi présenter cette même caractéristique.

Bourgeon apical
évident et proéminent

Bourgeon apical
indistinct ou à peine décelable

Les sphaignes ont la particularité de croître par le sommet grâce au bourgeon apical. Au bas, les parties mortes s'accumulent pour former, avec le temps, la tourbe. Comme toutes les bryophytes, les sphaignes n'ont pas de racines. Au contraire des autres bryophytes, elles n'ont pas de rhizoïdes, sauf au stade thalloïde. Tous les organes sont dépourvus de vaisseaux conducteurs, raison pour laquelle les sphaignes sont des plantes dites **invasculaires**, comme toutes les bryophytes d'ailleurs. La circulation de l'eau se fait par imbibition et par capillarité.

La tige

La **tige** est constituée de trois zones distinctes qui s'observent par une coupe transversale :

- Le **cortex** est la zone la plus externe. Il se présente sous la forme d'une ou de quelques couches de grosses cellules à paroi mince, les cellules corticales. Le nombre de couches sert parfois de caractère diagnostique pour certaines espèces.

- Le **scléroderme** ou **cylindre interne** ou **stéréome** est la zone sous-jacente au cortex. Il est constitué d'assises de cellules à paroi épaissie. Il est parfois appelé à tort « cylindre ligneux », car il y a absence de lignine chez les sphaignes. Le scléroderme est généralement nettement coloré de brun, rouge, vert, jaune… La couleur du scléroderme sert parfois de caractère diagnostique pour certaines espèces.

- Le **parenchyme central** est la zone la plus interne, occupant toute la partie centrale, constituée de cellules à paroi mince, mais à diamètre souvent plus faible que celui des cellules corticales.

Tiges en coupe transversale

Note 1 : Ces coupes révèlent l'absence de tissus conducteurs, d'où le nom de plantes **invasculaires** attribué aux bryophytes, dont font partie les sphaignes.

Note 2 : Chez certaines espèces, les différentes zones de la tige sont parfois très peu différenciées. La transition entre le cortex et le scléroderme ou entre le scléroderme et le parenchyme central est graduelle et peu marquée (voir **A** à la page suivante).

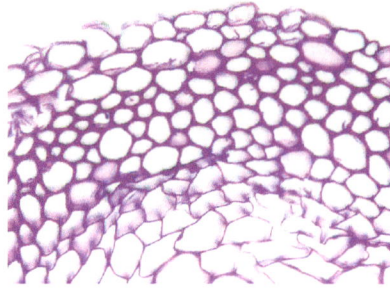

(A)

Les **cellules corticales** de la tige (vues à plat, sous forte coloration) portent parfois des **pores** dont le nombre, la position et les dimensions sont variables. Elles présentent quelquefois des **fibrilles**, qui sont des épaississements de la paroi disposés en spirale.

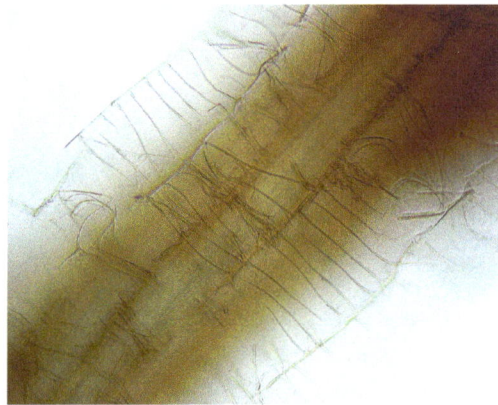

Tige   (par transparence)

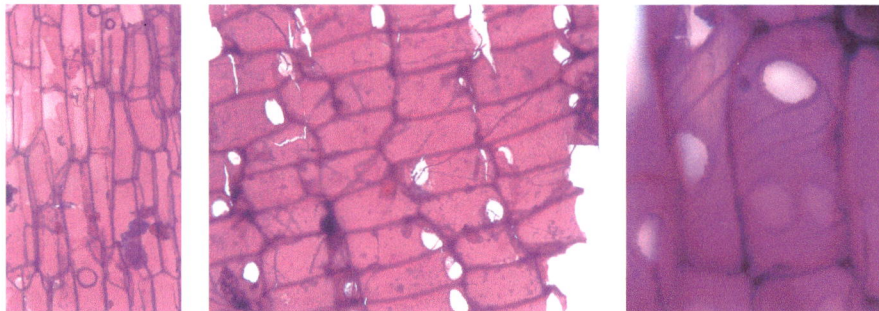

Cellules corticales (prélèvement après forte coloration)

Note 1 : La présence de pores sur la paroi des cellules corticales de la tige est un caractère diagnostique de toutes les espèces du sous-genre *Sphagnum* et de plusieurs espèces du sous-genre *Acutifolia*.

Note 2 : La présence de fibrilles spiralées sur la paroi des cellules corticales de la tige est un caractère diagnostique unique à toutes les espèces du sous-genre *Sphagnum*.

Les rameaux

Les **rameaux** sont rarement solitaires sur la tige. Ils y sont généralement rattachés par groupes de trois à cinq. Chacun de ces groupes est attaché à un même point sur la tige, d'où le nom de **rameaux fasciculés** ou **faisceau de rameaux**.

Les **fascicules** (ou faisceaux) sont formés de deux types de rameaux :

- **Rameaux pendants :** délicats, filiformes, effilés, parfois incolores. Ils sont accolés à la tige et jouent un rôle dans la montée de l'eau par capillarité.

- **Rameaux divergents :** plus larges et plus gros que les rameaux pendants. Ils sont étalés perpendiculairement à la tige, d'où leur nom.

Le nombre de rameaux par faisceau ou le nombre de rameaux divergents et de rameaux pendants par faisceau sert de caractère diagnostique pour l'identification de certaines espèces. Par exemple, *Sphagnum wulfianum* Girgensohn est la seule espèce, parmi toutes les sphaignes, à présenter des fascicules de six rameaux et plus. Deux espèces présentent des fascicules de trois rameaux divergents et deux rameaux pendants : *Sphagnum quinquefarium* (Braithwaite) Warnstorf et *S. rubiginosum* K.I. Flatberg.

Plante entière
(vue latérale)

Tige
(dégarnie de plusieurs fascicules)

Fascicule de 4 rameaux
(2 divergents et 2 pendants)

Fascicule de 5 rameaux
(2 divergents et 3 pendants)

Les feuilles

Les sphaignes, tout comme plusieurs autres mousses, possèdent deux types de **feuilles** :

- **Feuilles raméales :** ces feuilles sont celles que l'on trouve sur les rameaux divergents et les rameaux pendants. Mais ce sont les caractéristiques des feuilles des rameaux divergents qui sont utilisées pour distinguer les espèces.

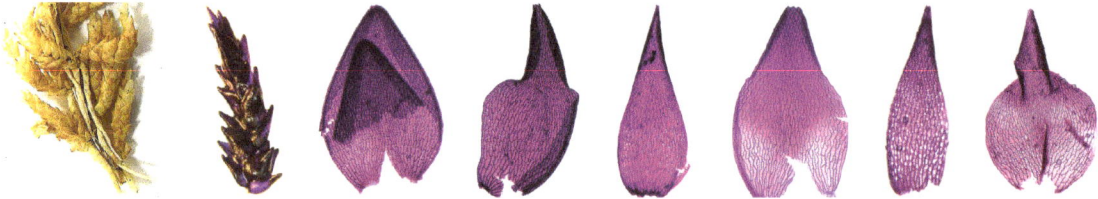

- **Feuilles caulinaires :** ces feuilles sont attachées directement sur la tige et elles sont généralement d'une forme totalement différente de celle des feuilles raméales. Elles présentent aussi beaucoup plus de variations que chez les feuilles raméales et sont très utilisées pour distinguer les espèces.

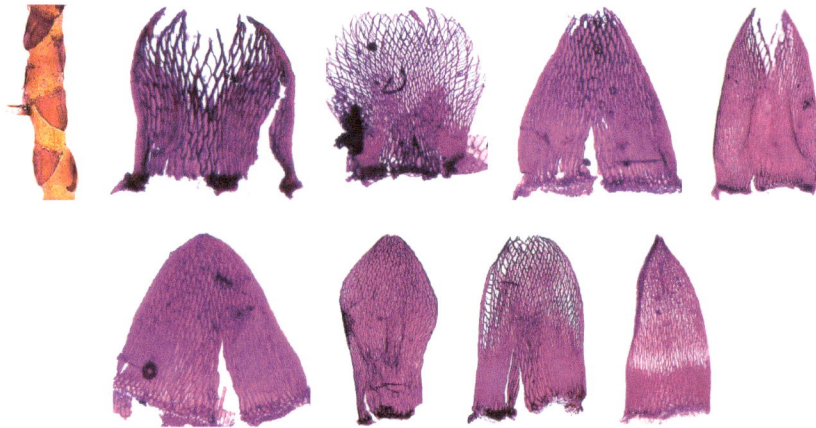

Parmi toutes les bryophytes, les sphaignes sont les seules à avoir des feuilles raméales et des feuilles caulinaires formées de deux types de cellules. Celles-ci se présentent en alternance les unes les autres. Les feuilles, montées complètes sur une lame, sans utiliser aucun colorant, et observées sous le microscope optique, montrent bien l'alternance de ces deux types cellulaires :

- **Hyalocystes :** ces cellules sont transparentes, d'où leur nom. Elles sont mortes, vides, renflées ou gonflées, sans pigmentation, donc incolores. Leur longueur ou leur diamètre est plus grand que celui des chlorocystes.

- **Chlorocystes :** ces cellules sont vivantes, assurant ainsi le métabolisme, et elles contiennent des pigments de teinte variable donnant à la plante sa coloration particulière de rouge, vert, jaune, brun, orange...

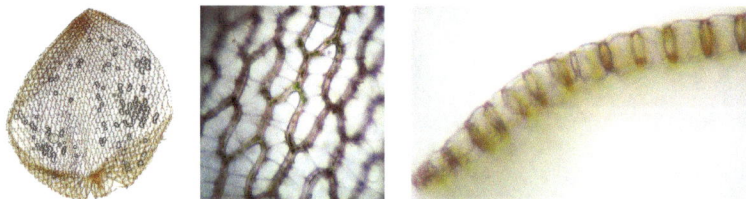

Photos montrant l'alternance des hyalocystes (transparents) et des chlorocystes (ici à pigmentation brune).
La photo de droite montre bien cette alternance dans une feuille en coupe transversale.

Hyalocystes

Les hyalocystes ont une paroi généralement renforcée de **fibrilles** qui sont des épaississements transversaux très étroits. Ces fibrilles sont parfois épaissies vers l'intérieur et forment alors des cloisons partielles. La paroi est souvent percée de **pores** dont le nombre, la position et les dimensions sont variables. Ces caractéristiques sont très utilisées pour distinguer les espèces ou groupes d'espèces. Par exemple, *Sphagnum macrophyllum* Bridel est une espèce dont les hyalocystes des feuilles raméales ne présentent pas de fibrilles. La disposition des pores, alignés comme les grains d'un collier de perles, est typique de presque toutes les espèces du sous-genre *Subsecunda*.

Coupe transversale de la feuille raméale

La coupe transversale de la feuille raméale révèle la présence ou l'absence d'un **sillon de résorption** à la marge. Ce sillon résulte de la résorption d'une partie de la paroi cellulaire formant ainsi une petite gouttière sur tout le pourtour de la feuille. La coupe transversale révèle aussi la forme des **chlorocystes**. Ainsi, la forme triangulaire des chlorocystes en coupe transversale peut servir à distinguer les espèces appartenant à des sous-genres différents. Lorsque la base du triangle est située du côté de la face convexe de la feuille, ces espèces appartiennent au sous-genre *Cuspidata*. Lorsque la base du triangle est située du côté de la face concave, ces espèces appartiennent au sous-genre *Acutifolia*.

> **Note 1 :** La présence d'un sillon de résorption à la marge est typique des espèces appartenant au sous-genre *Sphagnum* ou au sous-genre *Rigida*.
>
> **Note 2 :** Des espèces appartenant à d'autres sous-genres peuvent présenter des chlorocystes triangulaires en coupe transversale.

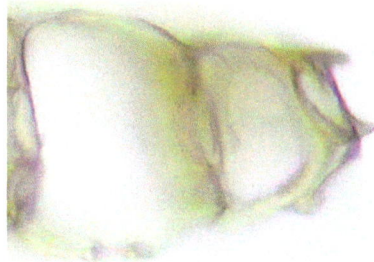

Sillon de résorption à la marge en forme de « gouttière »

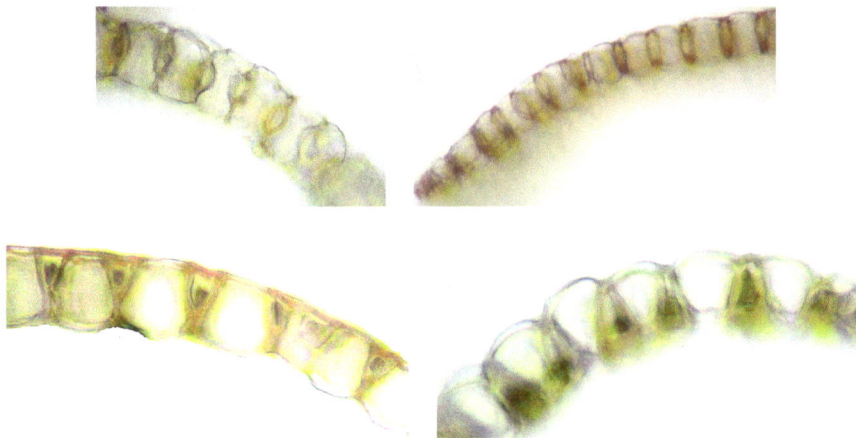

Coupes transversales montrant la forme des chlorocystes

Les rameaux

Les **rameaux** ont une organisation cellulaire similaire à celle de la tige. Toutefois, leur **cortex** est particulier. Il n'est formé que d'une seule couche de cellules qui peut être constituée de deux types cellulaires selon les espèces :

- **Cellules rectangulaires :** peuvent être parfois à peine plus longues que larges.

> **Note :** Certaines espèces ne possèdent que ce type de cellules.

- **Cellules lagéniformes :** en forme de bouteille, avec un pore porté au bout d'un col plus ou moins long et à extrémité distale souvent projetée vers l'extérieur.

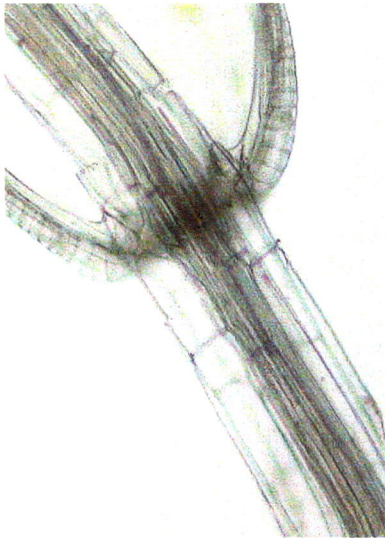

Rameau en transparence
(vue latérale)

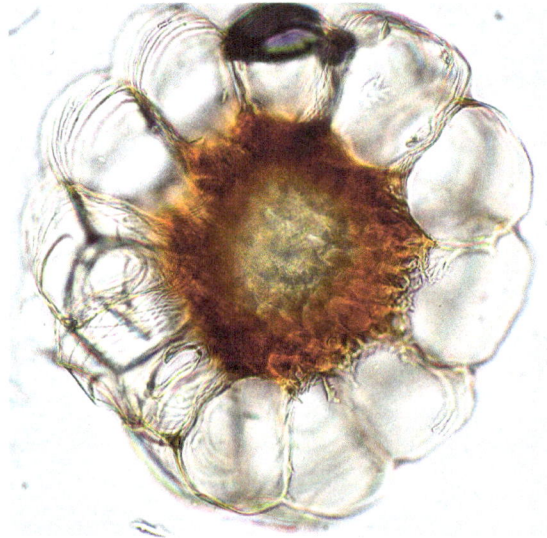

Rameau
(coupe transversale)

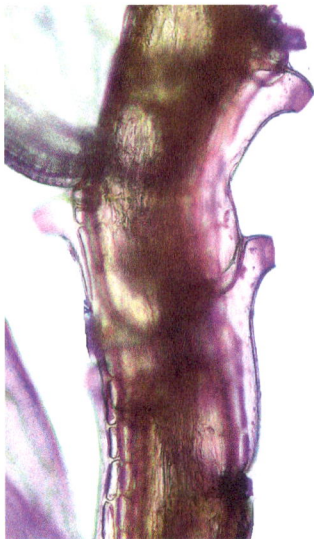

Cellules lagéniformes
(vue latérale)

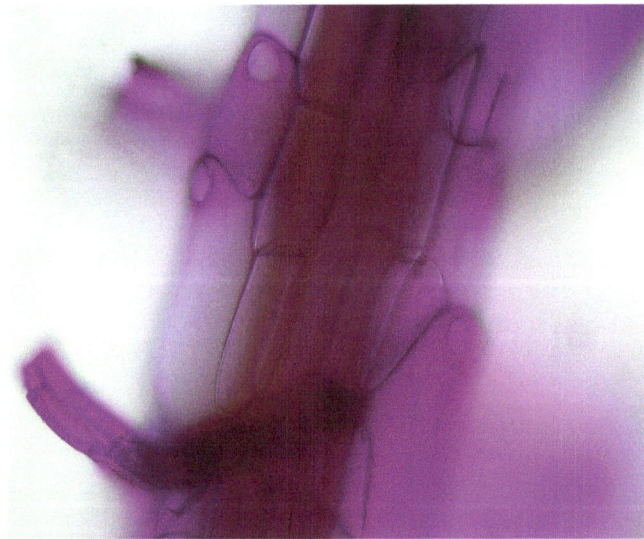

Cellules rectangulaires
et cellules lagéniformes

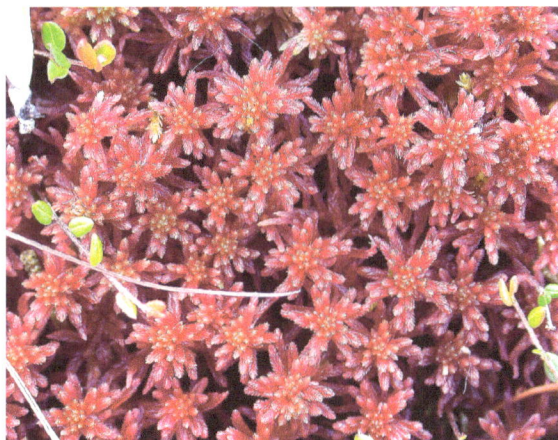

Sphaignes en nature

Récolte des spécimens

Matériel nécessaire

- **Loupe de terrain** (16X ou de préférence 20X); essentielle pour l'observation « macroscopique » des spécimens.

- **Crayon de plomb**.

- **Carnet de récolte** format de poche (ou calepin de notes), idéalement à couverture rigide.

- **Enveloppes de terrain** (en quantité suffisante pour une journée de récolte).

- **Sac à dos** (ou un grand sac dans lequel on place les enveloppes de terrain contenant les spécimens).

Loupe de terrain

Enveloppe de récolte

Technique de pliage de l'enveloppe de récolte

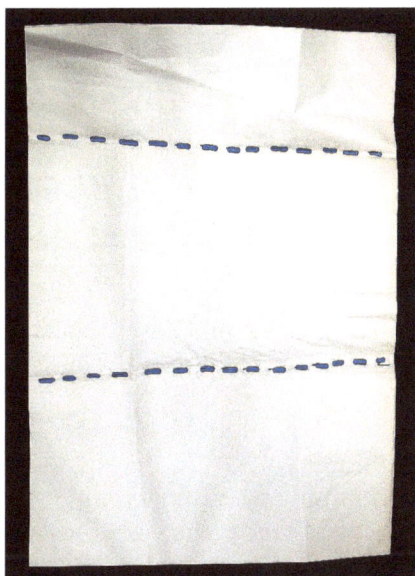

A

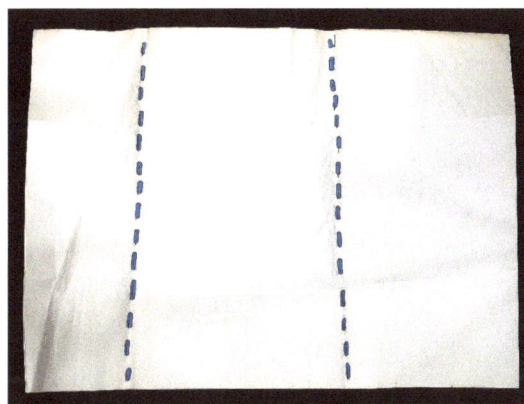

B

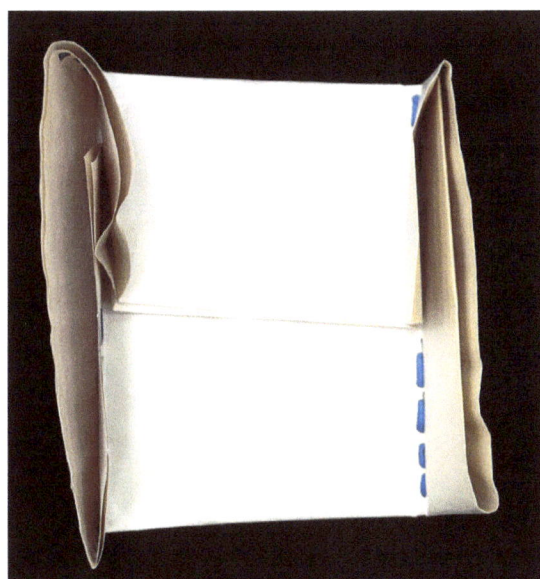

C (dessous)

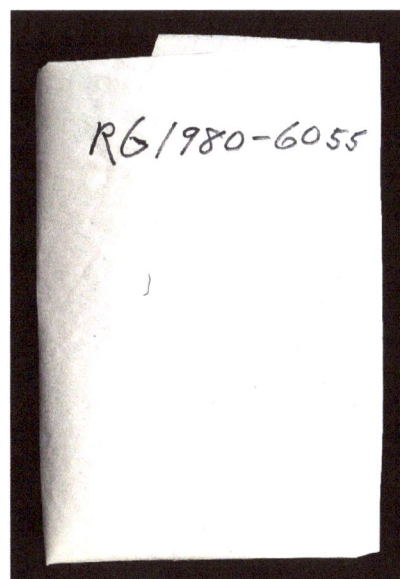

D (dessus)

> **Note :** Il est préférable d'utiliser une page de journal double.

A) Plier une première fois selon les lignes pointillées (A) : les lignes de pliage doivent être légèrement convergentes (non parallèles). L'un des deux rabats viendra ainsi recouvrir une bonne partie de l'autre rabat.

B) Plier une deuxième fois selon les lignes pointillées (B) : les lignes de pliage doivent être parallèles ou presque. L'un des deux rabats viendra ainsi s'emboîter dans l'autre rabat (C-D).

Récolte

- Choisir un échantillon ou une colonie montrant des signes évidents de santé pour faciliter l'identification.

- Recueillir suffisamment d'individus pour, ultérieurement, bien remplir l'**enveloppe d'herbier**.

- Récolter un échantillon qui semble homogène afin de réduire les risques d'avoir plus d'une espèce dans l'échantillon.

- Bien étaler le spécimen dans l'**enveloppe de récolte** en étageant (recourbant un peu) les têtes des sphaignes afin de faciliter l'observation du capitulum, lorsque sec.

- Donner un **numéro** à chaque récolte : comportant de préférence les initiales du collectionneur, ainsi que l'ordre chronologique et numérique (p. ex. : RG-6055) → à indiquer à la fois sur l'enveloppe de récolte et dans le carnet de récolte.

> **Note :** De nombreux collectionneurs préfèrent recommencer au # 01 la numérotation de leurs spécimens chaque année. Pour notre exemple, les deux premiers spécimens récoltés en 1980 par R. Gauthier deviendraient RG1980-01 et RG1980-02.
>
> Cette numérotation permet à l'herborisateur de comparer facilement l'effort consacré, chaque année, à la confection de son herbier.

Carnet de récolte

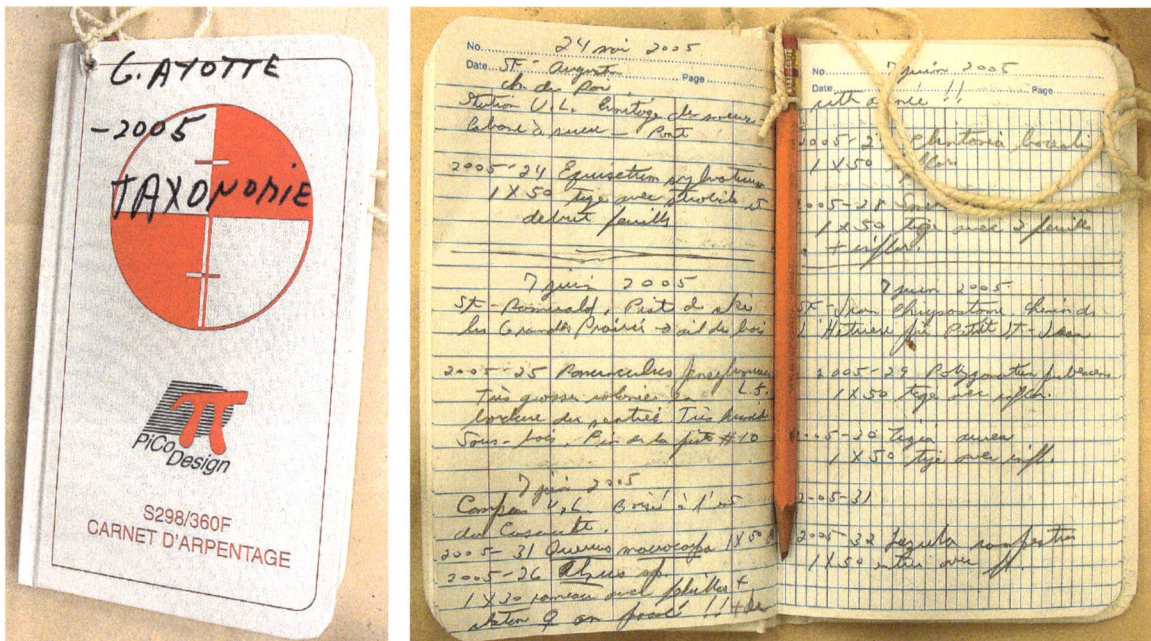

Information à noter dans le carnet de récolte

- **Date** de la récolte (préférablement inscrite au haut de la page).

- **Localité** exacte : décrire en allant du général au particulier (pays, province, MRC, village, rang...). Indiquer les coordonnées de longitude et latitude si possible. Voir l'exemple d'étiquette fourni ci-après.

- **Habitat** le plus détaillé possible (tourbière à éricacées, bord de mare tourbeuse, cédrière humide...)

- **Numéro de récolte** correspondant au numéro indiqué sur l'**enveloppe de récolte**. Il s'agit de la numérotation personnelle du collectionneur pour faire le suivi de ses récoltes. Il est recommandé d'inclure l'année en cours dans le numéro de récolte.

- **Nom de l'espèce** (s'il est connu ou nom d'une espèce possible => cf. *Sphagnum majus*).

- Nom du ou des **collectionneurs**.

> **Note :** *cf.* signifie « possiblement ».

Autres notes :

- Fréquence et abondance de l'espèce.

- Sociabilité de l'espèce (en coussins, en colonie pure, en tapis, isolée, formant des buttes...).

- Caractères qui pourraient disparaître après le séchage (port, couleur, plante aquatique, plante flottante, endroits les plus secs...).

- pH, niveau de la nappe phréatique.

Séchage

Le séchage se fait dans l'**enveloppe de récolte** : celle-ci peut être simplement placée à l'air ambiant sur une table. Elle sèchera toutefois plus rapidement si on la place sur une sortie d'air ou sur un séchoir. Sur le terrain, on peut la laisser sécher au soleil sur un rocher ou sur une plage sablonneuse.

Durée du séchage : 2 à 5 jours. On peut vérifier l'état du séchage en ouvrant l'enveloppe et en touchant les différentes parties des spécimens. Lorsqu'ils sont secs, ils deviennent très légers et plus ou moins cassants.

Montage

- Transférer chaque spécimen de l'**enveloppe de récolte** à l'**enveloppe d'herbier**. S'il est trop gros, le diviser et faire autant d'enveloppes d'herbier que nécessaire; inscrire alors clairement sur ces enveloppes supplémentaires : duplicata. L'utilisateur saura ainsi qu'il existe plus d'un exemplaire de ce spécimen. Ces **doubles** servent souvent pour les échanges entre herbiers ou entre collectionneurs.

> **Note :** L'enveloppe originale ne doit pas porter la mention duplicata.

- Rédiger une **étiquette** complète à partir des renseignements du **carnet de récolte** : celle-ci est collée sur le rabat supérieur de l'enveloppe d'herbier. S'il manque des renseignements, il vaut mieux ne rien inscrire plutôt que de biaiser les données.

CANADA, QUÉBEC

Sphagnum warnstorfii Russ.

Ile d'Anticosti, Pointe Heath, 49°06'15"N.
61°45'O. altitude inférieure à 15 m.

Tourbière minérotrophe broussaille à Myrica gale, Potentilla fruticosa, Chamaedaphne, Picea mariana et Betula avec des buttes de sphaignes et une couverture de Scirpus cespitosus.
                                    Date 25 juillet 1980

Leg. ..Robert.Gauthier................... No 6055
Det. ...Robert.Gauthier...........................

Herbier Louis-Marie, Université Laval, Québec, Canada

Enveloppe d'herbier (enveloppe de conservation finale)

Étiquetage

Chaque spécimen doit être accompagné d'une étiquette complète fournissant tous les renseignements le concernant. Ce dernier et son étiquette constituent ainsi une unité complète et absolument indépendante des autres spécimens. Il pourra alors être classé dans toute collection de plantes, quelle que soit son origine.

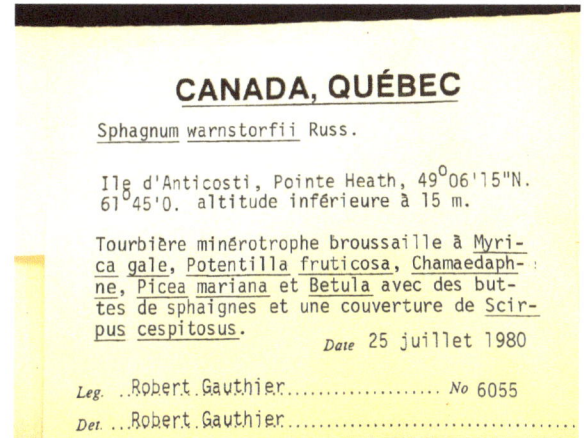

CANADA, QUÉBEC

Sphagnum warnstorfii Russ.

Île d'Anticosti, Pointe Heath, 49°06'15"N. 61°45'O. altitude inférieure à 15 m.

Tourbière minérotrophe broussaille à Myrica gale, Potentilla fruticosa, Chamaedaphne, Picea mariana et Betula avec des buttes de sphaignes et une couverture de Scirpus cespitosus.   *Date* 25 juillet 1980

Leg. ..Robert Gauthier..................... *No* 6055

Det. ..Robert Gauthier.............................

Étiquette

L'**étiquette** comporte les renseignements suivants :

- **Titre** : il indique le pays et la province d'où provient le spécimen. Exemple : Canada, Québec.

- **Nom scientifique de l'espèce** : doit comporter l'orthographe exacte en latin du nom générique et de l'épithète spécifique, suivi du **nom d'auteur** : la personne qui a décrit cette plante la première fois. Exemple : *Sphagnum warnstorfii* a été décrit par Russow, et *Sphagnum wulfianum* a été décrit par Girgensohn, d'où *Sphagnum warnstorfii* Russow et *Sphagnum wulfianum* Girgensohn. Comme dans les exemples qui précèdent, on écrit les noms du genre et de l'espèce en italique (ou soulignés). Ces informations se trouvent dans les flores, dans certains articles scientifiques ou dans des monographies.

- **Localité** : c'est l'indication, la plus précise possible, du lieu géographique d'où provient la plante. Exemple : Île d'Anticosti, Pointe Heath. Celle-ci peut être accompagnée d'autres informations qui permettraient de retrouver l'endroit exact de la récolte. Exemple : la position par rapport à un accident géographique stable, facilement repérable et dûment identifié.

- **Habitat** : il s'agit ici de préciser le plus adéquatement possible le milieu écologique dans lequel vit la plante récoltée. Ces renseignements doivent concerner uniquement le spécimen précis auquel ils s'appliquent et non pas à l'ensemble des individus de la même espèce observés sur un territoire plus ou moins grand. Dans les forêts, ou dans les boisés, indiquer quelles sont les espèces dominantes d'arbres et quelques autres espèces de moindre importance, p. ex. : forêt de trembles avec quelques petits sapins ou encore forêt dense de sapins avec beaucoup de bouleaux blancs. Une référence à la nature du substrat et à son degré d'humidité complète toujours adéquatement les renseignements sur l'habitat.

> **Attention :** Ne jamais copier les habitats à partir d'une flore.

- **Altitude** : en mètres (m) au-dessus du niveau de la mer. À partir de cartes topographiques ou à l'aide d'un altimètre. Exemple : inférieure à 15 m.

- **Date** : il s'agit de la **date de la récolte** et non de la date à laquelle on a procédé au montage final du spécimen. Il est préférable que le nom du mois soit écrit en lettres plutôt que de l'indiquer par un chiffre. Cela évitera des confusions avec cet usage qui varie du français à l'anglais. Exemple : 25 juillet 1980, ou encore 25-VII-1980. Un exemple de confusion possible serait : 10-08-05.

- **Numéro du spécimen** : indique sa position dans une séquence chronologique. Exemple : 6055.

> **Note :** Méthode recommandée = RG1980-6055.

- **Prénom et nom du ou des collectionneur(s)** : désignés par « Leg. » ou « Coll. », ils doivent apparaître au long afin d'identifier la ou les personnes ayant participé à la récolte.

  Exemple 1 : Robert Gauthier (comme sur notre étiquette). Exemple 2 : Robert Gauthier, Claude Roy, Michelle Garneau.

- **Prénom et nom de l'identificateur (ou des identificateurs)** : désignés par « Det. », ils doivent aussi apparaître au complet afin de savoir qui a procédé à l'identification du spécimen. Exemple : Robert Gauthier (même exemple que celui présenté plus haut si plus d'une personne).

- **Coordonnées géographiques** : dans les lieux inhabités, il est nécessaire qu'apparaissent les coordonnées géographiques selon l'un ou l'autre des systèmes suivants :

- Latitude (degrés/minutes/secondes) et Longitude (degrés/minutes/secondes).

    - Exemple : 49° 06' 15 '' N. 61° 45' 00'' O.

    - GPS (décimales). Exemple : 49.104167° N, -61.750000° W

- Mercator UTM (x,y). Exemple : NAD83 Zone 20 (591236E, 5439788N).

> **Note :** l'usage actuel veut que les coordonnées apparaissent sur l'étiquette de chacun des spécimens.

L'herbier (collection de spécimens)

Utilité d'un herbier

- Comme source de référence pratique pour tous ceux qui doivent identifier des spécimens, vérifier une identification ou comparer certains spécimens entre eux.

- En recherche :

    - en taxonomie : étude de différents groupes (classes, ordres, familles, genres);

    - en autécologie : écologie d'une espèce particulière;

    - en phytogéographie : étude de la répartition d'une espèce;

    - en floristique : inventaire de la flore d'une région donnée; dynamisme et évolution d'une flore, d'espèces envahissantes, de plantes rares, etc.

- Peut aider à retrouver une localité lorsqu'on veut observer une espèce particulière dans son habitat naturel.

Conservation

Un spécimen peut être conservé indéfiniment s'il est :

- manipulé avec soin;

- protégé de l'humidité;

- conservé dans des armoires de métal;

- protégé contre les insectes par fumigation ou par congélation du spécimen séché à -20 °C pendant au moins 3 jours.

Matériel nécessaire

- 1 tapis de protection (pour protéger la surface de travail).

- 2 béchers de 250 ml (ou autre contenu ou volume).

- 1 paquet de lames de rasoir avec bordure protectrice.

- 1 boîte de lames de verre.

- 1 boîte de lamelles 18 mm × 18 mm (ou autres dimensions).

- 1 lame de scalpel # 11.

- 1 pincette (de bonne qualité : à pointe très fine).

- 1 paquet d'allumettes ou un briquet.

- 1 bouteille d'eau avec compte-gouttes.

- 1 bouteille de violet de méthyle (en anglais : « Crystal Violet ») avec compte-gouttes.

- 1 contenant d'éthanol à 70 % ou de « Eradosol » pour le nettoyage des taches de colorant.

> **Attention :** Nettoyer immédiatement une tache de colorant avant qu'elle ne sèche. Ne pas nettoyer à l'eau avant d'utiliser les produits nettoyants proposés.

- 1 bouteille de glycérol avec compte-gouttes.

- 1 loupe stéréoscopique (« binoculaire ») avec transformateur, oculaire de 10X et objectifs de 6,4X, 16X et 40X : donnant ainsi des grossissements de 64X, 160X et 400X.

- 1 microscope avec transformateur, oculaire de 10X et objectifs de 4X, 10X et 40X : donnant ainsi des grossissements de 40X, 100X et 400X.

> **Note :** Le grossissement 1 000X n'est pas utile pour l'identification des sphaignes.

- 1 sarrau (recommandé).

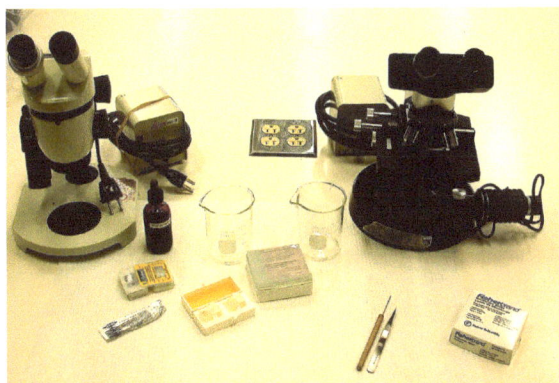

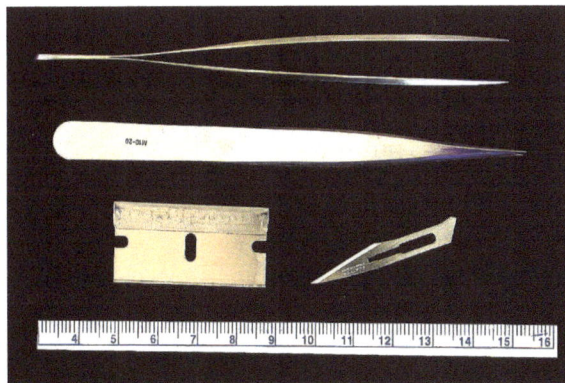

Poste de travail du parfait « sphagnologue »

Techniques de préparation de spécimens pour l'observation sous le microscope

Note 1 : Tous les organes à examiner doivent être prélevés sur le même individu, car les sphaignes poussent souvent en colonies mixtes. Ce dernier doit être très représentatif de l'ensemble du contenu de l'enveloppe de terrain ou d'herbier.

Note 2 : Il est recommandé d'inscrire le numéro du spécimen sur chacune des lames ainsi que les structures qu'elles comportent. Par exemple : RG1980-6055; « f. ram. c. t. » pour feuilles raméales en coupe transversale, ou « tige c. t. » pour tige en coupe transversale, ou encore « f. ram. + f. caul. + cortex » pour feuilles raméales + feuilles caulinaires + cortex.

Note 3 : Avec de la pratique et un peu de patience, le débutant en viendra assez rapidement à développer une dextérité et une habileté qui lui permettront de procéder au montage de ces lames en moins de 10 minutes. Il développera assez rapidement ses propres techniques.

Note 4 : Pour développer ses habiletés à faire des coupes transversales à main levée, il est recommandé de se pratiquer avec les tiges. Les coupes transversales de tiges sont plus faciles à réussir que celles des feuilles raméales.

Pour identifier un spécimen, nous recommandons le montage de **3 lames** différentes pour l'observation des caractéristiques microscopiques. En préparant de façon systématique chacune de ces lames, l'utilisateur s'assure de monter toutes les structures susceptibles d'être utilisées pour l'identification de tout taxon. À des fins pratiques et de démonstration, ces lames seront ici préalablement numérotées de 1 à 3 et elles comporteront :

Lame 1 : Feuilles raméales et feuilles caulinaires entières et fortement colorées, de même que, si possible (selon l'espèce), quelques plages de cellules corticales.

Cette lame permet d'observer la forme, la longueur, l'apex, la base, la présence de pores et de fibrilles, de papilles, de pectinations.

Lame 2 : Tige en coupe transversale.

Cette lame permet d'observer la couleur des cellules du scléroderme, le nombre de couches du cortex, la différenciation entre les différentes zones : cortex, scléroderme, parenchyme central.

Lame 3 : Feuilles raméales en coupe transversale.

Cette lame permet d'observer la forme des chlorocystes, la présence ou l'absence d'un sillon de résorption, la présence ou l'absence de papilles ou de pectinations.

Attention : Une 4ᵉ lame (**lame 4**) n'a pas à être numérotée. C'est sur cette lame que se fera la coloration de la tige et des rameaux.

Prélèvement des structures

Avec la pincette :

1. Enlever le capitulum incluant environ 1 cm de longueur de tige sous ce dernier et le jeter.

2. Prélever environ 3 cm de longueur sur le haut de la tige restante (partie où les organes étaient vivants).

3. Prélever 3 ou 4 rameaux divergents, en les saisissant par la base, et les placer sur la **lame 4** (pour la coloration).

4. Faire le même prélèvement qu'à l'étape 3 et placer ces rameaux longitudinalement les uns sur les autres, avec l'apex orienté dans le même sens, sur la **lame 3**, en vue des coupes transversales de feuilles raméales.

5. Dégarnir le reste de la tige de tous ses rameaux et les jeter.

6. Prélever environ 2 cm de tige et placer à côté des rameaux divergents sur la **lame 4** (pour la coloration).

7. Placer le 1 cm de tige restant sur une nouvelle lame en vue des coupes transversales : **lame 2**. Pour faire une forte coloration (sauf les individus du sous-genre *Sphagnum*).

8. Sur la **lame 4** (pour coloration), déposer 2 ou 3 gouttes de colorant sur les rameaux divergents et la portion de tige.

9. Chauffer le dessous de la **lame 4**, avec un briquet ou une allumette, jusqu'au point d'ébullition.

10. Prendre les rameaux avec la pincette et les rincer dans 2 béchers d'eau successifs et les déposer sur une nouvelle lame de verre : **lame 1**.

11. Prendre les 2 cm de tige, rincer dans 2 béchers d'eau successifs et les déposer à côté des rameaux sur la même lame de verre : **lame 1**.

> **Note 8a :** Humidifier l'individu choisi, s'il s'agit d'un spécimen séché, en le trempant quelques secondes dans l'eau claire de l'un des béchers. Tapoter pour enlever les bulles d'air. Éponger l'excédent d'eau sur papier absorbant.
>
> **Note 8b :** Le violet de méthyle est un colorant qui se lie bien avec les charges négatives des sphaignes. Il est important de bien colorer pour voir, par exemple, des amincissements de la paroi. Le colorant tache beaucoup, mais il est soluble dans l'alcool; donc, nettoyez immédiatement avec de l'alcool si un dégât se produit et il est recommandé de porter un sarrau.

| Étape 1 | Étape 2 | Étapes 3-4 | Étape 5 | Étape 8 | Étapes 10-11 |

Lame 1 : Prélèvement des feuilles raméales, des feuilles caulinaires et du cortex

Prélèvement des **feuilles raméales** :

12. Placer la **lame 1** sous la loupe binoculaire.

13. Placer l'index sur l'extrémité apicale de l'un des rameaux divergents.

Avec la lame de scalpel :

14. Couper pour enlever la portion basilaire du rameau jusqu'aux feuilles les plus développées, celles du tiers médian, et jeter.

15. Glisser la pointe du scalpel sous la dernière feuille pour en couper à rebrousse-poil le point d'attache sur le rameau.

16. Glisser cette feuille vers une goutte d'eau préalablement déposée vers l'extrémité de la lame 1.

17. Refaire la même opération pour obtenir de 5 à 10 feuilles raméales dont on aura pris soin d'en tourner certaines sur le dos et d'autres sur le ventre.

> **Note 9 :** Les prélèvements se font sous la loupe binoculaire.
>
> **Note 10 :** Les prélèvements se font plus facilement dans une goutte d'eau.

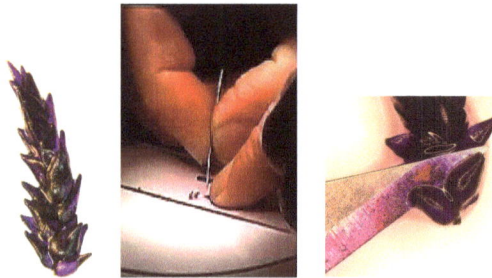

Étapes : 14 et 15 (sous la loupe du stéréoscope)

Face convexe ou face concave de la feuille raméale?

> **Attention :** Avant d'examiner une feuille raméale, il est essentiel de savoir quelle face de la feuille est tournée vers l'objectif, car les caractères d'une face sont le plus souvent différents de ceux de l'autre face.

Comment reconnaître si une feuille se présente sur le dos ou à plat ventre (face concave ou face convexe)?

- Sous le microscope, sélectionner l'objectif qui permet le mieux de bien observer l'apex de la feuille.

- Amener l'apex de la feuille au centre du champ visuel.

- Remonter le platine jusqu'à la perte totale de la mise au point.

- Descendre le platine jusqu'à la toute première mise au point, soit dès qu'une partie quelconque de la feuille apparaît très nettement.

- Déterminer quelle face de la feuille est dirigée vers le haut, si l'on sait que l'apex des feuilles raméales est presque toujours fortement enroulé.

A) La **face concave** de la feuille est examinée si cette mise au point a été effectuée d'abord sur les 2 marges de la feuille = tel qu'illustré en A : cette feuille repose sur le dos.

B) La **face convexe** de la feuille est examinée si cette mise au point a été effectuée d'abord au centre de la feuille tel qu'illustré en B : cette feuille repose sur le ventre.

A

Les 2 marges sont apparues en premier lors de la mise au point : face concave

B

Le centre de la feuille est apparu en premier lors de la mise au point : face convexe

Prélèvement des **feuilles caulinaires** et du **cortex** (si possible) :

18. Placer la tige dans le sens de la longueur de la **lame 1**.

19. Couper le point d'attache d'une feuille caulinaire avec la tige, en tenant la pointe de la lame de scalpel perpendiculairement à celle-ci.

> **Note 23 :** Ces prélèvements se réalisent sur la même portion de tige.
>
> **Note 24 :** Durant cette étape, gratter la tige transversalement avec la pointe de la lame de scalpel pour essayer d'en détacher des plages de cellules corticales.
>
> **Note 25 :** Pour certaines espèces, le cortex est impossible à prélever.

20. Glisser cette feuille vers une goutte d'eau préalablement mise à l'extrémité de la lame 1, soit à droite ou à gauche des feuilles raméales.

21. Refaire les étapes 19 et 20 pour obtenir de 5 à 10 feuilles caulinaires selon la facilité du prélèvement.

22. Recouvrir d'une lamelle et ajouter une goutte d'eau si nécessaire. La goutte d'eau peut être placée sur le bord de la lamelle. Elle glissera instantanément d'elle-même sous la lamelle par capillarité.

23. Pour enlever les bulles d'air : chauffer le dessous de la lame, avec un briquet ou une allumette, jusqu'au début du point d'ébullition.

24. La **lame 1** est prête pour l'observation au microscope.

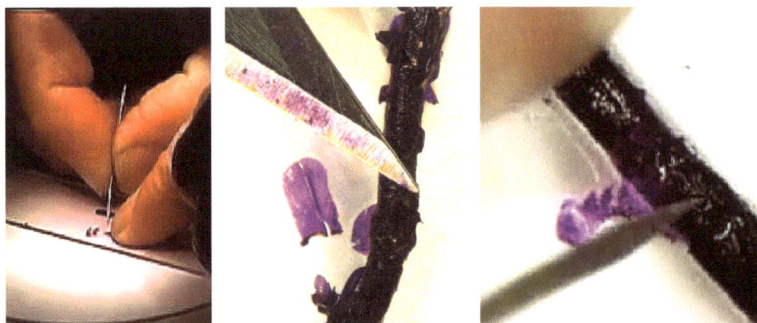

Étape 19 (prélèvement de feuilles caulinaires et de cortex)

A   B

A, B : Exemples de lames 1 prêtes pour l'observation : feuilles raméales + feuilles caulinaires + cortex.

Lame 2 : Coupes transversales de tige :

Avec la lame de rasoir :

25. Maintenir la tige en place avec l'index, couper verticalement l'extrémité et jeter.

26. Couper, verticalement et perpendiculairement à la tige, de 10 à 15 rondelles les plus minces possible, en changeant simplement très légèrement l'angle de coupe, ou encore à chacune des coupes, augmenter la pression de la lame de rasoir sur l'extrémité du doigt.

27. Déposer une goutte d'eau sur les rondelles restées collées sur la lame de rasoir.

28. Lessiver la lame de rasoir par capillarité en mettant la goutte d'eau en contact avec les rondelles de la **lame 2**.

> **Note 26 :** Ces coupes se font à main levée et à l'œil nu sur des spécimens humides.
>
> **Note 27 :** Même technique que pour couper des légumes, comme des carottes, mais à l'échelle microscopique. Les tranches doivent être « invisibles » pour être assez minces.

29. Couvrir d'une lamelle.

Étape 25

Étape 26

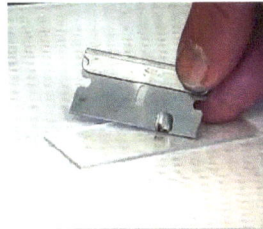

Étapes 27 et 28

Étape 29

30. Enlever les bulles d'air selon l'étape 23.

31. La **lame 2** est prête pour l'observation au microscope.

Lame 3 : Coupes transversales des feuilles raméales :

Avec la lame de rasoir :

32. Placer l'index sur l'ensemble des rameaux, préalablement déposés sur la **lame 3**, en laissant dépasser une faible portion de la base de ceux-ci.

33. Couper la portion inférieure des rameaux avec la lame de rasoir, en préservant la portion médiane où ils sont à leur plein développement, et jeter.

34. Couper, verticalement et perpendiculairement par rapport aux rameaux, de 10 à 15 tranches les plus minces possible, en changeant simplement très légèrement l'angle de coupe, ou encore à chacune des coupes, augmenter la pression de la lame de rasoir sur l'extrémité du doigt.

> **Note 28 :** Ces coupes se font à main levée et à l'œil nu sur des rameaux humides.
>
> **Note 29 :** Même technique que pour couper des légumes, comme des carottes, mais à l'échelle microscopique.

Étape 32

Étape 33

35. Déposer une goutte d'eau sur les tranches restées collées sur la lame de rasoir.

36. Lessiver la lame de rasoir, par capillarité, en mettant la goutte d'eau en contact avec les tranches de la lame 3.

37. Couvrir d'une lamelle.

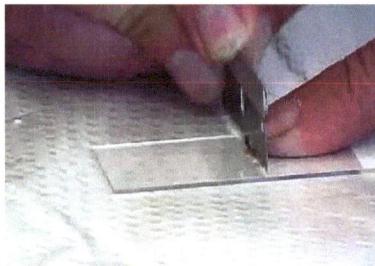
Étape 34

Étapes 35 et 36

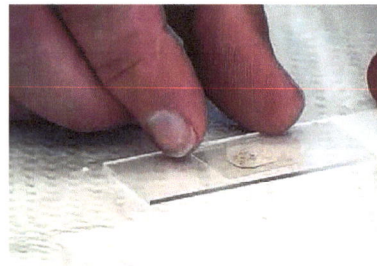
Étape 37

38. Enlever les bulles d'air selon l'étape 23.

39. La **lame 3** est prête pour l'observation au microscope.

Montage d'une collection de lames permanentes

40. Laisser sécher les lames 1, 2 et 3 telles quelles, à l'air ambiant, jusqu'à ce que l'eau se soit totalement évaporée.

41. Soulever la lamelle et y déposer 2 à 3 gouttes de liquide de préservation permanente (« Permount », baume du Canada ou autre).

42. Recouvrir avec la lamelle et laisser sécher sur une faible source de chaleur.

> **Note 30 :** Certains utilisateurs préfèrent placer un faible poids (petit écrou ou vis) sur la lamelle lors du séchage. Ceci aura l'avantage d'éviter la formation d'un vide, sur le pourtour du dessous de la lamelle, dû à la dessiccation du liquide de préservation.

Précautions générales

a) Refermer la bouteille de colorant pour éviter les accidents.

b) Baisser au minimum l'intensité de la source d'éclairage (rhéostat) de la loupe binoculaire ou du microscope avant de l'ouvrir (pour prolonger la durée de vie des ampoules).

c) Bien essuyer la lame de rasoir et la pincette après manipulation pour éviter la contamination entre les espèces.

d) Lorsqu'on pose une goutte d'eau sur une préparation :

- laisser tomber la goutte;
- ne pas toucher la préparation avec le compte-gouttes, car des organes peuvent remonter dans le compte-gouttes par capillarité.

Calibration du microscope pour les mesures micrométriques

Matériel nécessaire

- 1 lame portant une **règle micrométrique** (micromètre objet).
- 1 **micromètre oculaire** : règle graduée microscopique sans échelle de grandeur.

Lame portant la règle micrométrique

Règle micrométrique (ici de 1 mm)

Micromètre oculaire
(à placer dans l'un des oculaires du microscope)

Calibration

43. Placer la lame portant la **règle micrométrique** sous le microscope pour observation.

44. Au grossissement 4X, faire la mise au point sur la règle micrométrique.

45. Tourner l'oculaire du microscope de façon à placer le **micromètre oculaire** parallèlement à la **règle micrométrique**.

46. Aligner les deux règles par la gauche (voir A).

47. Repérer un endroit où les lignes des deux règles sont parfaitement alignées.

> **Note 31 :** Pour s'assurer de l'exactitude des mesures, chacun des microscopes doit être calibré individuellement.
>
> **Note 32 :** Ici la 37e ligne du micromètre oculaire est parfaitement alignée avec la longueur 0,55 mm de la règle micrométrique (voir B) :

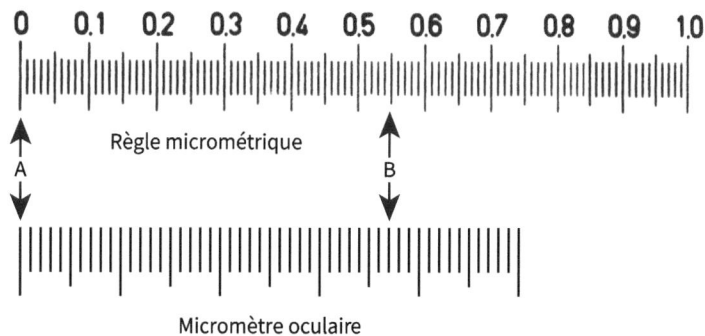

Règle micrométrique

A

B

Micromètre oculaire

48. Cet alignement (note 32) permet de faire le calcul suivant :

37 lignes = 0,550 mm

donc :

1 ligne = 0,015 mm

2 lignes = 0,030 mm

etc.

49. Vérifier ces calculs avec un autre alignement : la 20e ligne est alignée sur 0,30 mm :

20 lignes = 0,30 mm = 1 ligne = 0,015 mm = Exactitude confirmée!

50. Refaire la même démarche pour les grossissements 10X et 40X.

51. Produire un tableau de conversion (Tableau 1, page suivante) avec un chiffrier électronique de type Excel.

Note 33 : Un objet Y correspondant à une ligne au grossissement 4X est long de 0,015 mm selon le **tableau** de la page suivante). Un objet Z correspondant à une ligne au grossissement 40X serait long de 0,0015 mm. On constate qu'il existe un rapport direct entre les grossissements 4X et 40X. Ce rapport existe aussi entre les grossissements 4X et 10X. Les valeurs de la colonne 10X doivent être égales à celles de la colonne 4X multipliées par 4/10.

Ajustement du focus et de l'éclairage du microscope

1. Oculaire de gauche muni d'une bague qui permet d'ajuster le microscope à sa vue :

   a) Placer sur la platine un objet très net (p. ex. une lame de *Ficus elastica*);

   b) Boucher un œil pour faire le focus;

   c) Boucher l'autre œil et faire le focus avec la bague de l'oculaire.

2. Faire l'ajustement de l'éclairage :

   d) Prendre l'objectif 10X;

   e) Faire la meilleure mise au point possible sur la lame;

   - ne plus toucher à la mise au point;

   f) Ouvrir au maximum le diaphragme du condensateur;

   g) Fermer presque totalement le diaphragme de champ (bague en caoutchouc sur la lampe);

   h) Ajuster la hauteur du condensateur de façon à voir très nettement les côtés du diaphragme;

   i) Centrer la lumière au besoin en utilisant la vis sur le bras de lumière;

   j) Ouvrir le diaphragme de champ juste pour dépasser le champ de vision sur l'objet;

   k) Régler la profondeur de champ avec le diaphragme du condensateur;

   l) Régler l'intensité lumineuse (ne devrait pas dépasser 6 au rhéostat).

Exemple de tableau de conversion, en mm, du nombre de lignes du micromètre oculaire correspondant à la longueur de l'objet monté sous le microscope

(selon l'objectif utilisé : 4X, 10X et 40X)

Calibration du microscope

Nb lignes	4X	10X	40X	Nb lignes	4X	10X	40X
	Longueur en mm				Longueur en mm		
1	0,015	0,006	0,0015	51	0,765	0,300	0,0765
2	0,030	0,012	0,0030	52	0,780	0,306	0,0780
3	0,045	0,018	0,0045	53	0,795	0,312	0,0795
4	0,060	0,024	0,0060	54	0,810	0,318	0,0810
5	0,075	0,029	0,0075	55	0,825	0,323	0,0825
6	0,090	0,035	0,0090	56	0,840	0,329	0,0840
7	0,105	0,041	0,0105	57	0,855	0,335	0,0855
8	0,120	0,047	0,0120	58	0,870	0,341	0,0870
9	0,135	0,053	0,0135	59	0,885	0,347	0,0885
10	0,150	0,059	0,0150	60	0,900	0,353	0,0900
11	0,165	0,065	0,0165	61	0,915	0,359	0,0915
12	0,180	0,071	0,0180	62	0,930	0,365	0,0930
13	0,195	0,076	0,0195	63	0,945	0,370	0,0945
14	0,210	0,082	0,0210	64	0,960	0,376	0,0960
15	0,225	0,088	0,0225	65	0,975	0,382	0,0975
16	0,240	0,094	0,0240	66	0,990	0,388	0,0990
17	0,255	0,100	0,0255	67	1,005	0,394	0,1005
18	0,270	0,106	0,0270	68	1,020	0,400	0,1020
19	0,285	0,112	0,0285	69	1,035	0,406	0,1035
20	0,300	0,118	0,0300	70	1,050	0,412	0,1050
21	0,315	0,123	0,0315	71	1,065	0,417	0,1065
22	0,330	0,129	0,0330	72	1,080	0,423	0,1080
23	0,345	0,135	0,0345	73	1,095	0,429	0,1095
24	0,360	0,141	0,0360	74	1,110	0,435	0,1110
25	0,375	0,147	0,0375	75	1,125	0,441	0,1125
26	0,390	0,153	0,0390	76	1,140	0,447	0,1140
27	0,405	0,159	0,0405	77	1,155	0,453	0,1155
28	0,420	0,165	0,0420	78	1,170	0,459	0,1170
29	0,435	0,171	0,0435	89	1,185	0,465	0,1185
30	0,450	0,176	0,0450	80	1,200	0,470	0,1200
31	0,465	0,182	0,0465	81	1,215	0,476	0,1215
32	0,480	0,188	0,0480	82	1,230	0,482	0,1230
33	0,495	0,194	0,0495	83	1,245	0,488	0,1245
34	0,510	0,200	0,0510	84	1,260	0,494	0,1260
35	0,525	0,206	0,0525	85	1,275	0,500	0,1275
36	0,540	0,212	0,0540	86	1,290	0,506	0,1290
37	0,555	0,216	0,0555	87	1,305	0,512	0,1305
38	0,570	0,223	0,0570	88	1,320	0,517	0,1320
39	0,585	0,229	0,0585	89	1,335	0,523	0,1335
40	0,600	0,235	0,0600	90	1,350	0,529	0,1350
41	0,615	0,241	0,0615	91	1,365	0,535	0,1365
42	0,630	0,247	0,0630	92	1,380	0,541	0,1380
43	0,645	0,253	0,0645	93	1,395	0,547	0,1395
44	0,660	0,259	0,0660	94	1,410	0,553	0,1410
45	0,675	0,265	0,0675	95	1,425	0,559	0,1425
46	0,690	0,270	0,0690	96	1,440	0,564	0,1440
47	0,705	0,276	0,0705	97	1,455	0,570	0,1455
48	0,720	0,282	0,0720	98	1,470	0,576	0,1470
49	0,735	0,288	0,0735	99	1,485	0,582	0,1485
50	0,750	0,294	0,0750	100	1,500	0,588	0,1500

Glossaire

Note : Pour une terminologie botanique plus exhaustive, se référer à Ayotte (1994).

acumen	Longue pointe effilée terminant un organe.
acuminé	Qui se termine en une longue pointe.
affine	Se dit d'espèces très rapprochées phylogénétiquement ou présentant des caractéristiques communes ou une origine commune; utilisé occasionnellement pour représenter la similarité entre des communautés.
aigu	En référence à une feuille dont l'apex se termine en un angle inférieur à 90 degrés.
aisselle	L'angle entre la feuille et l'axe qui la porte.
alternance de générations	Alternance entre la phase gamétophytique haploïde (1n) et la phase sporophytique diploïde (2n) dans le cycle vital des organismes se reproduisant sexuellement.
annelé	Entouré d'une bordure épaissie; en forme d'anneau ou disposé en anneau.
anthéridie	Structure sexuelle dans laquelle sont produits les gamètes mâles.
anthérozoïde	Le gamète mâle motile.
apex	Pointe, bout ou sommet d'un organe.
apiculé	Terminé par une pointe abrupte.
apprimé	Étroitement accolé, ou appliqué contre la tige.
archégone	Organe de reproduction femelle : c'est une structure en forme de bouteille contenant l'oosphère (gamète femelle) qui, une fois fécondée, donnera le sporophyte.
ascendant	Dirigé ou orienté obliquement vers le haut.
atténué	Se dit de l'extrémité d'un organe qui se termine en se rétrécissant; étroitement rétréci.

axillaire	Qui est situé à l'aisselle d'un organe, habituellement d'une feuille.
biotope	Milieu de vie à l'échelle microtopographique et délimité dans lequel les conditions écologiques (température, niveau de la nappe phréatique, caractéristiques chimiques, etc.) sont homogènes.
bog	Synonyme de tourbière ombrotrophe. Terme d'origine irlandaise.
bourgeon apical	Structure située au centre du capitulum et donnant naissance à tous les organes; peut être évident, visible mais non évident, proéminent, conique, caché parmi les rameaux en formation.
butte	Biotope dans une tourbière s'élevant de 20 à 50 cm au-dessus du niveau de la nappe phréatique ou d'une dépression (voir ce mot) et souvent caractérisé par la présence d'arbustes (en anglais : « hummock »).
c. t.	Coupe transversale.
calyptre	Chez les sphaignes, la calyptre est membraneuse et est constituée des vestiges d'une partie de l'archégone. Elle est minuscule et apparaît comme une fine couche transparente couchée sur l'opercule. Peu observée, elle est sans doute balayée très tôt par les vents ou la pluie comme chez de nombreuses autres bryophytes.
capillarité	Phénomène qui désigne la capacité de l'eau à monter naturellement malgré la force de gravité. Chez les sphaignes, ce phénomène est très important pour les espèces formant des buttes. Le phénomène est renforci, entre autres, chez les espèces ayant une fine tige et des feuilles caulinaires apprimées à la tige, comme chez *Sphagnum capillifolium*.
capitulum	Petite tête; chez les sphaignes, regroupement compact de rameaux au sommet du gamétophyte.
capitulum étoilé	Capitulum à rameaux externes et rameaux médians formant une étoile 5-radiée vue en projection verticale.
capsule	Partie renflée, du sommet du sporophyte, qui contient les spores.
caulinaire	Qui appartient à la tige ou qui s'élève à partir de celle-ci; se dit de feuilles insérées directement sur la tige. Noter que les caractéristiques des feuilles caulinaires sont utilisées pour différencier les espèces entre elles : forme, longueur/largeur, apex, porosité, présence ou absence de fibrilles.
cellule chlorophyllienne	Voir chlorocyste.
cellule hyaline	Voir hyalocyste.
cellule lagéniforme	Cellule en forme de bouteille avec un pore apical, présente sur les rameaux de plusieurs espèces de sphaignes (en anglais : « retort cell »).
chlorocyste(s)	Chez les feuilles des sphaignes, petites cellules vertes, vivantes, allongées, formant un réseau entourant les hyalocystes; syn. : cellule chlorophyllienne (en anglais : « green cell »).

chlorophylle	Pigment vert trouvé dans le chloroplaste, important dans l'absorption de l'énergie lumineuse lors de la photosynthèse.
chlorophyllienne	Qui se rapporte ou qui appartient à la chlorophylle; dans un sens particulier, se dit d'une plante caractérisée par la présence de la chlorophylle et qui est de ce fait colorée.
commissure	Ligne de contact entre un chlorocyste et un hyalocyste.
contigu(üe)	Chez les sphaignes, se dit de deux cellules dont les parois se touchent; situées l'une à côté de l'autre.
cortex	Chez les sphaignes, couche la plus externe de la tige et des rameaux, formée d'une à quelques assises de grosses cellules hyalines appelées cellules corticales.
cortical	Qui se rapporte au cortex (voir Annexe 1).
coussin	Chez les sphaignes, petite touffe arrondie de tiges plus ou moins dressées et groupées serrées, l'ensemble s'irradiant.
cucullé	En forme de cuillère; de forme ovale et concave.
cuspidé	Qui se termine abruptement par une pointe forte et rigide.
denté	Qui présente une marge en dents de scie.
denticulé	Finement denté ou à dents très petites (dentelé).
dépression	Biotope de tourbière structurée correspondant à un creux ou une cavité qui alterne avec les buttes (en anglais : « hollow »).
dichotomique	Ramifié par deux; se ramifiant régulièrement en deux branches; une ou plusieurs fois bifurqué.
distal	Loin de la base ou du point d'attachement (opposé à proximal).
divergent	S'écartant ou s'éloignant l'un de l'autre. Chez les sphaignes, se dit des gros rameaux insérés à plus ou moins 90° par rapport à la tige; les rameaux divergents forment des fascicules avec les rameaux pendants.
étalé(es)	Dressées à angle droit ou presque, en parlant des feuilles caulinaires.
étiquette	Petite fiche signalétique collée sur un carton d'herbier; l'étiquette présente différents renseignements concernant le spécimen.
faisceau	Voir fascicule.
falciforme-seconde	Se dit de feuilles raméales qui sont nettement recourbées et tournées d'un seul côté dans leur disposition d'ensemble sur le rameau.
falqué	Courbé comme la lame d'une faucille ou d'une faux.
fascicule	Groupement de rameaux divergents et de rameaux pendants attachés à un même point de la tige chez les sphaignes. (synonyme : faisceau)

fen	Synonyme de tourbière minérotrophe.
fibrille(s)	Épaississements, en forme de fibres fines ou épaissies, de la paroi des hyalocystes ou des cellules corticales; les fibrilles sont parfois épaissies vers l'intérieur et forment alors des cloisons partielles orientées, en général, transversalement.
fimbrié	Frangé; à bords découpés comme une frange.
flark	Mot suédois désignant une dépression allongée, humide et boueuse dans les tourbières structurées.
flore	Ensemble des plantes d'un territoire donné; aussi volume décrivant chacune de ces plantes et servant à leur identification (exemple : Flore laurentienne de Marie-Victorin).
fréquence	Le degré d'uniformité avec lequel les individus d'une espèce sont distribués sur une surface.
gamétophyte	Plante sexuée dominante chez les mousses (donc aussi les sphaignes); la plante feuillée verte généralement haploïde produisant les gamètes par des mitoses. Les sphaignes que l'on voit dans la nature et qui perdurent sont des gamétophytes. Le sporophyte a une durée de vie très courte sur le gamétophyte feuillé.
habitat	L'environnement naturel où un organisme croît.
herbier	Collection permanente de plantes séchées, identifiées, étiquetées et montées sur un carton (plantes supérieures) ou dans des enveloppes (mousses, incluant les sphaignes); aussi l'endroit où on les conserve (exemples : Herbier Louis-Marie de l'Université Laval, Herbier Marie-Victorin de l'Université de Montréal).
hummock	Voir butte.
hyalin(e)	Sans couleur, transparent.
hyalocyste(s)	Cellules larges, vides, transparentes, des feuilles de sphaignes et de quelques autres bryophytes; synonyme : cellule hyaline.
imbriqué(es)	Se dit de feuilles raméales fermement insérées les unes dans les autres et se chevauchant sur le rameau; qui se recouvrent les unes les autres comme les tuiles d'un toit.
interfibrillaire	Espace entre deux fibrilles (voir ce mot).
involuté	Enroulé en dedans.
lacune pariétale	Absence de paroi, semblable à un pore, mais beaucoup plus étendue, à contour moins net.
lagéniforme	Se dit d'une cellule allongée terminée par un col plus ou moins recourbé vers l'extérieur et portant un pore à son extrémité. Les cellules lagéniformes ne se trouvent que sur le cortex raméal. Elles sont présentes chez de nombreuses espèces de sphaignes.

lagg	Mot suédois désignant la zone de transition en marge des tourbières ombrotrophes, où la combinaison des eaux provenant de la percolation et du ruissellement du dôme et des terres adjacentes crée une hydropériodicité et une chimie particulières, qui permettent l'établissement d'une communauté végétale unique, souvent de type marécage ou de type tourbière minérotrophe.
lancéolé	En forme de lance : atténué aux deux bouts, plus longuement au sommet.
lenticulaire	En forme de lentille; de forme circulaire et biconvexe.
libre	Sur la paroi des hyalocystes de la feuille d'une sphaigne, se dit d'un pore qui ne vient pas en contact avec la paroi des chlorocystes contigus; pore situé au centre de l'hyalocyste et non sur les côtés.
lingulé	En forme de langue ou de languette.
marge	Bord du limbe d'une feuille qui peut être uni ou entier, érodé ou fimbrié.
minérotrophe	Substrat ou eau enrichi par le ruissellement d'un bassin en amont ou en contact avec le sol minéral (voir aussi tourbière minérotrophe).
mucroné	Se dit d'une pointe dure terminant le sommet d'une feuille.
muskeg	Terme nord-américain fréquemment employé pour désigner une tourbière. Le mot, d'origine algonquine, est utilisé en langage courant pour désigner des zones naturelles et non perturbées, plus ou moins recouvertes de sphaignes et de conifères.
nomenclature	Façon de nommer les plantes basée sur des règles internationales; les règles de la nomenclature ne permettent qu'un seul non scientifique valable. Règles dictées par le « Code international de la nomenclature pour les algues, les champignons et les plantes ».
obové	En forme d'œuf, avec la partie élargie du côté de l'apex.
ombrotrophe	Alimenté par l'eau des précipitations (voir aussi tourbière ombrotrophe).
opercule	Petit couvercle fermant l'orifice d'une capsule; s'ouvrant de manière explosive pour libérer les spores chez les sphaignes.
ové	En forme d'œuf, mais à peine plus long que large.
palustre	Des marais.
papille	Bosse ou petit renflement donnant une apparence granuleuse à la paroi cellulaire.
papilleux (papilleuse)	Rugueux, portant une ou plusieurs petites protubérances (papilles).
pectination(s)	Projections épaisses regroupées en forme de peigne; les pectinations sont présentes sur les parois des cellules des feuilles raméales et caulinaires et des cellules corticales des espèces appartenant au complexe *Sphagnum imbricatum*.

pendant(es)	À apex dirigé vers le bas de la tige, en parlant des feuilles caulinaires; se dit aussi des rameaux délicats accolés à la tige et associés avec des rameaux divergents, le tout faisant partie d'un fascicule.
pied	Chez les sphaignes, partie renflée de la base du sporophyte insérée dans les tissus du sommet du pseudopode; permet les échanges nutritifs du gamétophyte vers le sporophyte.
phytologie	Science des plantes.
platière	Biotope de tourbière consistant en une surface de végétation uniforme et plate se situant la plupart du temps de 5 à 20 cm au-dessus de la nappe phréatique. Les plantes graminoïdes y sont généralement dominantes.
plissé	Formant plusieurs plis longitudinaux (voir l'espèce *Sphagnum pylaesii*).
pore	Ouverture totale à travers la paroi des cellules hyalines ou corticales; observable sous forte coloration. Certaines cellules ne possèdent qu'un seul pore alors que d'autres en sont fortement couvertes. La porosité des cellules est souvent utilisée pour identifier certaines espèces ou certains sous-genres. Par exemple la majorité des espèces du sous-genre *Subsecunda* présentent des hyalocystes à très nombreux pores alignés en rangées comme les grains d'un collier de perles. Voir aussi pseudopore.
pore(s) fenestré(s)	Pores résultant d'une résorption pariétale importante; de taille beaucoup plus importante que les autres pores; s'étendant le plus souvent sur toute la largeur de la cellule ou presque.
pore(s) libre(s)	Pores situés au centre du hyalocyste et qui, de ce fait, ne viennent pas en contact avec la paroi des chlorocystes adjacents.
poreux	Présentant de petites ouvertures (pores) traversant la paroi de la cellule.
protonème	Filaments ramifiés, verts, produits à la suite de la germination des spores chez les mousses et donnant naissance à un gamétophyte (nouvelles tiges).
proximal(e)	Près de la base ou du point d'attache (opposé à distal).
pseudopode	Organe allongé, ou qui s'allonge, jouant le rôle de la soie et portant le sporophyte chez les sphaignes; structure (1n) développée par le gamétophyte.
pseudopore	Amincissement de la paroi du hyalocyste, apparaissant beaucoup plus pâle qu'un pore, observable seulement sous très forte coloration; appelé aussi pore imparfait par certains auteurs (en anglais : « imperfect pore »).
raméal(es)	Se dit de feuilles insérées autour des rameaux divergents ou pendants. Noter que ce sont les caractéristiques des feuilles des rameaux divergents qui servent à différencier les espèces entre elles.
rameaux internes	Rameaux courts et souvent dressés au centre du capitulum.

rameaux externes	Rameaux les plus externes et les plus longs du capitulum.
rameaux fasciculés	Chaque fascicule consiste normalement à la fois de rameaux divergents (étalés) et pendants (accolés à la tige).
ramifié	Qui porte des rameaux.
récurvé(es)	Se dit de feuilles raméales fortement courbées vers l'arrière, mais non pliées à angle plus ou moins droit (voir l'espèce *Sphagnum recurvum*).
résorbé	Voir résorption.
résorption	Disparition de la paroi ou absence de celle-ci. Mis en évidence par une coloration : l'absence de paroi ne retenant pas le colorant, les cellules apparaissent alors transparentes.
rhizoïde	Filament, semblable à une racine, qui a des fonctions d'ancrage (au substrat) et d'absorption chez certaines plantes invasculaires.
rhombique	Plus ou moins grossièrement en forme de losange.
rhomboïdal	Plus long que rhombique, hexagonal et oblong.
scléroderme	Dans la tige, le scléroderme est la zone sous-jacente au cortex, constituée d'assises de cellules à paroi épaissie (voir Annexe 1).
seconde(s)	Se dit des feuilles tournées ou pointant toutes dans la même direction.
section	Dernier niveau taxonomique du genre *Sphagnum* avant l'espèce. Seul le sous-genre *Acutifolia* est subdivisé en sections : Acutifolia, Insulosa, Polyclada.
septum	Cloison séparant complètement un hyalocyste, généralement dans le sens longitudinal.
sillon de résorption	Petit canal ou petite gouttière située sur le pourtour (à la marge) des feuilles raméales des espèces des sous-genres *Sphagnum* et *Rigida* et de *Sphagnum molle* du sous-genre *Acutifolia*.
soie	Chez les sphaignes, organe très court qui porte la capsule, situé entre la capsule et le pied.
soligène	Se dit d'une tourbière sous l'influence d'un approvisionnement en eau externe à l'écosystème qui percole ou qui ruisselle lentement à la surface de la tourbe.
sp.	Abréviation pour espèce, du latin *species*.
spatulé	En forme de spatule. En référence aux feuilles caulinaires.
sphaignes	Bryophytes (classe des Musci) appartenant à l'ordre des Sphagnales qui ne compte que la seule famille *Sphagnaceae*, ne renfermant elle-même que le seul genre *Sphagnum*; constitue la végétation principale des tourbières ombrotrophes et responsable, pour une large part, du processus d'entourbement.

sphagnologie	Science botanique qui s'intéresse particulièrement l'étude des sphaignes.
sphagnologue	Personne qui s'intéresse aux sphaignes.
spiralé	En forme de spirale, en parlant des fibrilles présentent sur la paroi des cellules hyalines ou corticales.
spore	Corpuscule microscopique, le plus souvent sphérique, presque toujours unicellulaire, produit dans la capsule par division réductionnelle et qui produira le protonème en germant.
sporophyte	Chez les sphaignes (et les mousses en général) : plante qui produit les spores, résultant elle-même de la fécondation d'une oosphère, et qui reste attachée au gamétophyte et en demeure partiellement dépendante; typiquement, le sporophyte est constitué d'un pied, d'une soie et d'une capsule.
spp.	Abréviation pour plusieurs espèces appartenant au même genre.
squarreux (squarreuses)	Se dit de feuilles raméales brusquement pliées ou coudées presque à angle droit vers l'arrière à leur extrémité distale (voir *Sphagnum squarrosum, S. strictum*).
subseconde(s)	Presque seconde(s).
systématique	Science qui traite de la diversité des espèces et des relations qui existent entre elles.
tapis	Biotope de tourbière plat, beaucoup plus humide que la platière (voir ce mot), où la surface de la végétation composée de bryophytes se trouve de -5 à +5 cm par rapport au niveau de l'eau. On peut retrouver également des tapis flottants en bordure des mares. La végétation des cypéracées y est plus éparse que dans les platières.
taxon	Chacun des niveaux de classification des plantes; règne, embranchement, classe, ordre, famille, genre, espèce.
taxonomie	Discipline botanique qui s'intéresse à la classification, à la nomenclature et à l'identification des plantes. On dit aussi taxinomie.
thalloïde (stade)	Stade de développement chez les plantes invasculaires qui ressemble à un thalle, c. à d. ayant un corps simple, sans différenciation en feuilles ou en structures ressemblant à des feuilles.
thermokarst	Phénomène périglaciaire caractérisé par l'affaissement d'un terrain dû à la fonte de la glace enfouie.
till	Dépôt non stratifié de gravier, de blocs, de sable et de matériaux plus fins transportés par un glacier.
topogène	Se dit d'une tourbière qui se développe dans une dépression topographique, avec une portion de son alimentation en eau provenant de la nappe régionale environnante.

tourbière	Terme générique qualifiant tous les types de terrains recouverts de tourbe. Milieu à drainage variable où le processus d'accumulation organique prévaut sur les processus de décomposition et d'humification, peu importe la composition botanique des restes végétaux.
tourbière minérotrophe	Type de tourbière recevant une quantité variable d'eau, à la fois des précipitations et des eaux de drainage du bassin chargées en éléments minéraux qui enrichissent le sol humide. La tourbière minérotrophe renferme une végétation diversifiée, généralement dominée par un couvert herbacé, notamment de cypéracées, ainsi que de bryophytes (en particulier les mousses brunes de la famille des Amblystegiaceae), d'arbustes et d'arbres.
tourbière ombrotrophe	Type de tourbière qui n'est alimentée en eau que par les précipitations atmosphériques, desquelles provient également la seule source en éléments nutritifs, hormis celle venant de la décomposition des végétaux qui forment le substrat de la tourbière.
tronqué	Dont la partie apicale est coupée à 90 degrés.

Index alphabétique des espèces